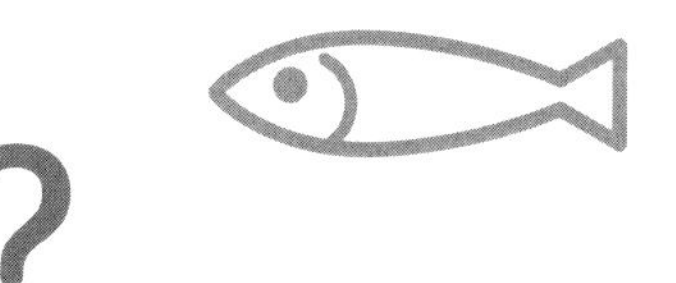

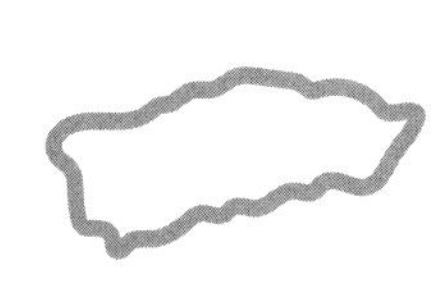

東大教授が世界に示した衝撃のエビデンス

魚はなぜ減った？見えない真犯人を追う

山室真澄

つり人社

はじめに

本書は、島根県・宍道（しんじ）湖の魚類の減少に、「ネオニコチノイド系殺虫剤」という農薬がかかわっていることを明らかにした、東京大学の山室真澄教授らの研究を解説した月刊『つり人』の連載（2020年7月号〜2021年2月号）を一冊にまとめたものです。

この研究成果は2019年11月、世界で最も権威のある学術誌のひとつ『Science』に掲載され、大きな話題になりました。釣り人が漠然と不安を感じながらも確証を得られずにいた農薬の影響を、山室先生らのチームが客観的なデータで示してくれたのです。我が国の水辺の将来を考えるうえで間違いなく重大な意味をもつ研究成果です。

とはいえ、山室先生も私たち編集部も、宍道湖の研究事例のうわべだけが伝わってしまい「農薬＝悪」という意見が独り歩きしてしまうことは望んでいません。

ネオニコチノイド系殺虫剤は、その是非はともかく、現実に農作物を害虫の被害から守るという役割を果たしています。その農薬がなぜ害虫だけではなく魚類も減らすに至ってしまったのか。私たちになにができるのか。それを考えるには、魚類を取りまく食物連鎖の仕組みや、いろいろな種類がある農薬のなかでネオニコがもつ特徴なども正しく理解しておく必要があります。

そこで編集部では、宍道湖で明らかになった事実の表面的な部分だけではなく、環境の中で何が起きていたのかを読者のみなさんと一緒に学んでいけるような記事の執筆をお願いしました。

たとえば第2回（P28）では水辺の生態系における食物連鎖の特徴を解説。また、続く第3回（P41）では、生態系の変化の原因を理解するうえで欠かせない「物質循環」の概念を解説していただくなど、私たち編集部を含め生態学を学んだことのない人でもイチから学べる内容になっています。

それを踏まえたうえで、山室先生が宍道湖の事例の原因をネオニコに絞り込んだ過程を追いかけてみてください。もし、あなたが身近な水辺の異変に気づいたときに、ネオニコを疑えばいいのか、そうではないのか、もしそうならどうやって根拠を集めたらよいのか、ヒントになってくれるでしょう。

これは簡単に答えが出せる問題ではありません。

ですが、この本を手に取っていただいたあなたは、水辺の環境に興味のある方であろうと思います。魚釣りなどを通じて水辺に親しんでいる方も多いでしょう。私たちは水辺を通じて、業界や専門分野や立ち場の違うたくさんの人が同じ方向を向いています。それぞれの視点を活かして議論を重ねていけば、将来へ向けて前向きな提案ができるはずです。

月刊『つり人』編集部

目次

装丁　神谷利男デザイン株式会社
本文イラスト　石井正弥

Interview

幼少期から現在まで水辺がライフワーク！山室真澄教授の信念に迫る

聞き手／月刊『つり人』編集部

本書の著者・山室真澄教授は、釣り人や漁師と立場は違えど、ずっと水辺の環境と生き物に触れながら生活してきた人である。自ら湖水に浸かりサンプルを採取し、その数を数えたり化学的な分析をしたり、気の遠くなるような地道な作業でデータを積み重ね、水辺で起きている現象の一端を明らかにするのがその仕事だ。

そのモチベーションはどこから来るのか？　私たちはそのデータをどう受け止めればよいのか？　話を伺った。

父に連れられ水辺に親しんだ幼少期

——山室先生は東京大学の卒論で宍道湖の底生生物を研究されて以来、ずっと水辺の環境

と生態系をご自身のライフワークに成果を出し続けていらっしゃいます。先生が水辺に親しむようになったきっかけはなんだったのでしょうか。

山室　釣り好きだった父親の影響が大きいですね。私の出身は名古屋なのですが、父親は三重県の養老山地に生家があって、いたるところに湧水が流れている土地柄でした。その湧水に今では絶滅危惧種になっているハリヨがたくさんいて、手づかみで金魚のように掬って遊んでいた記憶があるんです。

父はそういう上に山があって下に湧水が流れているような土地の農民の家系で、食べるために川魚を自分たちで獲って、お節料理のアラメ巻きに使うフナも近所の川で調達していました。当時の農家は物を買わず自給自足が当たり前だったんですね。

私が小学校に上がる前に大阪に出てきたのですが、父は魚を獲らない生活に慣れなかったみたいで、小さな私を連れて大和川にハゼ釣りに行ったり、長良川の河口へシジミ採りにいったり、しょっちゅう水辺に行っていました。

東京大学・文科三類から理学部へ進学、当時の卒論が今回の成果にも

――環境科学の研究に興味をもったのはいつごろだったのですか？

山室　それが、10代のころは外交官を目指していたんです。小学生のときにビアフラ問題（※

1967年から始まったナイジェリア内戦に起因する飢餓問題）が起きて、子供ながらに飢餓問題を何とかしたいと考えていたのですが、中学生くらいになって世界の食糧問題は政治の問題らしい、というのが分かってきたので、じゃあ外交官になるのがいいのかなと。

一方で、当時は国内でも水俣病やイタイイタイ病など公害が問題になっていて、私自身も小学校高学年のころ光化学スモッグでバタンと倒れるのを経験した世代だったんです。それで、本当に解決しなければならないのは環境、公害問題じゃないかと思うようにもなりました。

いずれにしても、世界の問題を解決するには英語が大切だろうと考えて、高校2年生の1年間はアメリカに留学し、高校3年生に編入して、向こうの卒業証書をもらいました。

帰国して東大に入学してから、公害問題をいろいろ研究されてきた西村肇先生という化学工学の先生に出会います。当時西村先生は関西国際空港の建設による環境への影響を研究されていて、そのゼミに出入りするようになった私も、アセスメントの本を読んだり、自分で底生生物を採取しにいったりしていました。フィールド調査って面白いなと思っていたところで宍道湖の淡水化問題（農業用水確保の目的で進められていた淡水化事業。昭和43年に工事が開始されたが、地域の反対運動などで平成14年に中止が決定）に興味をもったんです。汽水の宍道湖を淡水にしてしまうことでシジミがいなくなると問題になっていて、当時は長良川でも河口堰の建設が問題になっていました。長良川は私が幼少期にシジミをたくさん捕った思い出のある場所だったし、河口堰ができてどうなるんだろうと、とても気になっていたので、同じように汽水環境の変化が問題になっている宍道湖を研究したいなと卒論のテーマにしました。
そのときに苦労して集めたデータが今回のネオニコチノイドの論文でも役に立ちました。

――水辺の環境についての研究を続けてこられて、現在のモチベーションはどんなところにありますか?

山室　結局、私にとって水辺は、人々が食料を得る場所だったんです。今は私が子供のころよりも食糧問題は深刻になっています。マグロなど遠洋の水産資源はどんどん規制がかかってきていますし、近海のサンマも昔は庶民の魚として10尾で100円だった時代もあったのに今は1尾200円とか。海は日本だけの物ではないので、国際的な競争に負けたら私たちはこれらの魚を食べられなくなってしまいます。
一方で沿岸域や河川は、外国とは競争になりません。私の子供のころは身近な水辺で自分たちが食べるものを獲るのが当たり前でした。だからこそ大切なはずなのに、いつのまにか、水辺に関心をもたない生活が当たり前になっています。しかも日本では川の水を使って食べ物を作っています。水田もそうですよね。つまり私たちは水を通じて食料を得ているのに、その水にどんなものが混じっているのか、農薬や洗剤がどこにどれくらい流れ込んでくるのか注目する人がほとんどいません。

そのあたりを、いまはレクリエーションと思われている魚取りや釣りを通じて、少しでも思い出してもらえれば、というところに気を配っていますね。

社会全体でよりよい方向に向かっていくために

――そんな思いで月刊『つり人』の連載原稿を執筆していただいたのですね。この連載は、ネオニコチノイド系殺虫剤の環境への影響を解説していただいたものですが、それを使う農家の方を糾弾するような内容にはなっていません。

山室　そうですね。私は「原因はこれです」と言っているのであって、「だからあなたが悪いんです」とは言っていないんです。どうやったらこの問題が解決できるのか考えましょうと言いたいのです。

なんですけど、世の中には批判されただけで自分の人格が否定されたように思う人がいて、科学の学会発表でも「それ違うんじゃないですか？」っていわれただけで自分の人格が否定されたように怒り出す人がいますが、それって違うんですよね。批判することと人格を否定することは全く違うんです。

人間はディスカッションでお互いを批判することで正しいところに近づいていく。逆に言うと人間はみんな不完全だから、お互いに「これ違うんじゃない？」ってきちんと言い合う中で「これならより正解に近そうだよね」というところに行けるんです。なので、原因を指摘することによって、農家さんも含めてよりよい方向に向かっているんだという意識を持てるようになるといいんじゃないかなと思います。

——釣り人が身近な水辺の異変に気づいて意見を言う場合でも、なにか根拠となるものが必要になると思います。それがないと単なる難癖になってしまい、世の中を変えることはできないのではないかと。

山室　宍道湖の研究を論文にするにあたっていちばん大変だったのは、魚が激減した1993年当時のネオニコ濃度のデータがなかったことです。でも今起きていることなら、水を汲めば分析できます。なんなら私に送ってもらえれば測定できますし、測定を依頼できる機関もあるんです。そういうところを巻き込んでいくのがいいです。

——それに関連して、鳥取県で川魚の減少の理由を独自に調査していた鹿野河内川保護協会の土橋敬明さんが、『つり人』の連載を読んで農薬の影響を考える勉強会を開催されました。編集部を通じて山室先生にも参加を打診させていただきました。鳥取大農学部の日置佳之教授や、地域の釣り人や川魚の料理店の方なども参加されたそうですね。

山室　私と鳥取大の先生はリモートで参加しました。最初に土橋さんが、アユの漁獲量が減った時期と、県内のネオニコの使用量との相関などを紹介されて、私も宍道湖の事例を解説させていただきました。

一般の釣り人の方がアクションを起こしてくれるのはありがたいですね。旅費や講演料などが出る講演は職場での手続きなどが面倒なんですが、今回のようなオンラインであれば移動などもなく気軽にできるので、連絡いただければ参加したいなと思っています。

――今後、日本のネオニコの問題はどういう方向に進んでほしいですか？

山室　ネオニコの問題って水辺だけの話じゃないんです。宍道湖の論文が出たときに、救急医の先生数人から「よく書いてくれました」と連絡があったんです。というのは、ネオニコを空中散布したあとには、急性ニコチノイド中毒になる人が結構出るんだそうです。実際その因果関係を指摘する報告もあります（青山、２０１０※）。私が所属している日本内分泌撹乱化学物質学会でも、最近は人の尿からどれくらいネオニコの代謝産物が出るかという研究がトレンドになっているんです。

それが今回の論文で、水に溶けたネオニコが環境に影響を与えていることが明らかになったわけです。水は繋がっているので、人間にも悪影響があるかもしれない。だから予防原則で、空振りでもいいから、用心する方向に動いたほうが正しいんだと、いまのコロナ禍でも言われていますよね。でも、一般の人たちは水辺を見ていないから異変が起きているかわからない。だから釣り人や水辺に関わる人が、積極的に声を上げて動いていってほしいですね。

（２０２１年８月26日、Ｚｏｏｍ上にてインタビュー実施）

参考文献

青山美子（２０１０）「農薬と人体被害の実態（１）」日本有機農業研究会全国有機農業の集い神奈川大会，「土と健康」２０１０年10月号，２-11ｐ.ｐ.
https://www.1971joaa.org/app/download/7987424354/201003nouyaku.pdf?t=1598496771

第1回

宍道湖のシジミ研究とネオニコチノイド系殺虫剤

今回の要点

■ 島根県・宍道湖で、1993年からウナギとワカサギの漁獲量が激減。著者は同時期から水田で使われ始めた「ネオニコチノイド系殺虫剤」が原因ではないかと仮説を立てた。

■ ネオニコチノイド系殺虫剤は、人体や脊椎動物への安全性が高いとされる一方で、昆虫には強い毒性を発揮するのが特徴で、今日では広く使用されている農薬である。

■ かつて使用された毒性の強い農薬とは違い、ネオニコチノイド系殺虫剤が魚を直接殺したわけではなさそうだ。原因を突き止めるためには、水中の生態系と食物連鎖を知る必要がある。

国内でも有数の汽水湖である中海（手前）と宍道湖（奥）

宍道湖では1993年からウナギとワカサギの漁獲量が激減

魚類と呼ばれる動物は5億年前から地球に存在し、現在の世界の海や川には3万3462種もいるとされる（宮、2016／※1）。魚類がうまれてからの5億年の間には、すべての生物種の9割以上が絶滅した大量絶滅時代（約2億5100万年前、ペルム紀末）があり、魚類も大部分が絶滅した。

本書で対象としているのは、そんな壮大な物語ではない。全魚類ではなくウナギとワカサギの2種類だけ。そのうえ世界全体ではなく日本、それも島根県の宍道湖という汽水（＝海水と淡水が混じった水）の湖で起こったできごとが中心だ。この湖では1993年からウナギとワカサギがまったく漁獲されなくなるくらい減ってしまった。その原因は何か？　著者は水田で使われる農薬の一種であるネオニコチノイド系殺虫剤の影響だと考えている。

宍道湖は面積79㎢の日本で7番目に広い湖で、湖当たり年間漁獲量は長年、日本一をキープしている。漁獲量の大部分は魚ではなくヤマトシジミという二枚貝。かつては日本人が食べるシジミの8割は宍道湖産だったくらい、たくさん捕れていた。今でも単独の湖沼としては漁獲量が最も多い。しかし宍道湖でヤマトシジミが大量に漁獲されて全国に出回るようになったのは1970年代以降、保冷車によって築地市場まで輸送できるようになってからのことだ（平塚ほか、2006／※2）。それ以前まで地元以外にも運搬され消費されていた宍道湖産水産物は実はウナギで、江戸時代に関西に流通していた天然ウナギの多くが宍道湖・中海産だった。このため関西では「出雲屋」というウナギ料理店が多いとされる（※3）。ウナギは川に棲むとのイメージがあるが、ウナギにとって好適なエサであるエビなどの甲殻類は、淡水よりも海や汽水域に多い。棲みやすい汽水域を追い出されたウナギが仕方なく淡水域まで遡上しているのだ（海部、2013／※4）。

ワカサギはもともと涼しい気候を好む汽水性の魚で、太平洋側は霞ヶ浦、日本海側は宍道湖が自然分布の南限になる。山に囲まれた湖で氷に穴をあけてワカサギを釣るのは冬の風物詩だが、淡水の山岳湖沼にいるワカサギはすべて国内移入種で、多くはもともと霞ヶ浦にいたワカサギの子孫だ。霞ヶ浦は、首都圏に水を供給するために堰を作って淡水にするまでは汽水だった湖で、ヤマトシジミも漁獲されていた。現在と同様、江戸時代にもワカサギが大

宍道湖（秋鹿沖）のシジミと今も続くシジミ漁の風景

量に捕れていて、将軍に献上されたことからワカサギを漢字で「公魚」と書くとされる。

そのワカサギが現在、日本で最も捕れる湖はどこか？ 近年の農林水産省の統計は湖沼ごとではなく県単位で公表されるので断定はできないが、茨城県のワカサギ漁獲量は全国4位で大部分が霞ヶ浦産であることから、単独の湖では霞ヶ浦が日本一ワカサギが捕れていると思われる。ワカサギはシジミと違って淡水でも繁殖できる。おまけに霞ヶ浦はエサが極めて豊富らしく、多くの湖では秋以降にようやく太り出すワカサギが、霞ヶ浦では「夏ワカ」と呼ばれ、夏にはもう漁獲され市場に出回る。

宍道湖もかつてはワカサギが網に入りすぎて船上に引き上げられないくらい捕れていて、学生のころは漁師さんからお裾分けしていただいたワカサギが夕食のおかずになっていた。だが今では水族館に提供する数個体さえ捕れない。ずっと汽水のままだった宍道湖で汽水性のワカサギが捕れなくなって、淡水にされた霞ヶ浦で捕れ続けているのはなぜだろう？

宍道湖と私

著者は卒業論文、修士論文、学位論文すべて、宍道湖をテーマに書いた。卒論では宍道湖の248箇所から採取された泥の中の多毛類（＝釣りエサにするゴカイを含む動物群）について、どんな種類が何匹いるかを明らかにした。高校の生物部でウミウシ類の研究もしてい

霞ヶ浦のワカサギは釣り人にもなじみ深い。漁は７月下旬から12月いっぱいの約５ヵ月間で行なわれている（写真：葛島一美）

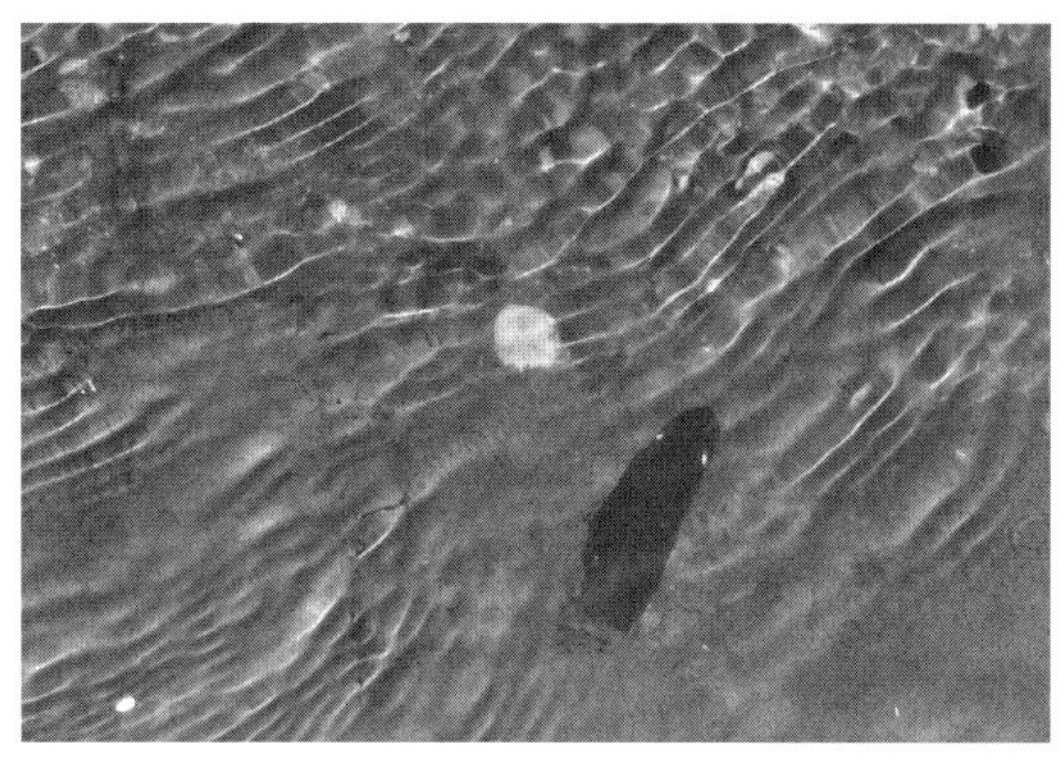

砂底から顔を出したウナギ。天然ウナギの資源量は減少の一途をたどっている

た著者は、大学に入って自主研究で大阪湾の多毛類を採取し、国立科学博物館の専門家に弟子入りして多毛類の種類を見分ける技術を身につけていた。

多毛類の種類を決めるには、イトゴカイの仲間だと足の毛をピンセットで引き抜いて顕微鏡で形を観察し、ゴカイやイトメの仲間だとアゴを引き裂いて中の吻(ふん)を取り出し、ついている突起を数えるなど、かなり手間のかかる作業を要する。1地点に仮に10匹いたとしても、2480回そういった作業を行なわねばならない。泥から多毛類を取り出すために篩(ふるい)にかけて流している間に細長い多毛類は切れ切れになり、それらを並べて元の大きさを推定する手間も生じる。

さらには、結構多く出てくる種類が成長につれて決め手となる毛の形が変わるように見えたので、当時はまだ操作が大変だった電子顕微鏡で幼いものから成虫まで探し出して毛を並べて比較するという作業も入った。塩分が非常に薄い宍道湖に棲むイトゴカイの仲間を先行研究では海産種と同定していて、そんなハズないだろうとデンマークからタイプ標本(＝その動物の模式とされる標本)を取り寄せて比較したら、タイプ標本には宍道湖産にはない鰓(えら)と目があり別物だった(つまり宍道湖のは新種だった)など、次から次へとハプニングが起きた。著者の生涯で卒論研究ほどハードだったものはない。約半年は1日の睡眠時間が3時間を超えることはなかったように記憶しているが、この研究が後に、ウナギ・ワカサギ減少原因を特定する決め手のひとつとなる。

修論では宍道湖の多毛類を日本のほかの汽水湖と比べるため、大きなザックに採泥器を入れて、北海道から九州まで汽水湖行脚をした。宍道湖と塩分が近い涸沼(ひぬま)では宍道湖と比較するために冬も調査したが、5㎜のウエットスーツで4℃の湖水での潜水作業は死ぬかと思った。

学位論文では多毛類から離れ、同湖の重要な水産物であるヤマトシジミをテーマにした。宍道湖を淡水にするとこの貝がいなくなることで水質が悪化することを証明し、漁師さんたちから学位取得のお祝いにとウナギ尽くしの祝宴を開いていただいた。ウナギのあらいを食べたのは後にも先にも1991年のこのときだけだが、その2年後にウナギが激減するなど、あのときは夢想だにしなかった。

そして就職後も30年にわたって宍道湖を研究し続けてきた経験から、宍道湖でウナギとワカサギが捕れなくなったのは、水田でネオニコチノイド系殺虫剤を使うようになったためという仮説を立て調査を行なってきたのである。

誰が水辺を見張るのか

ネオニコチノイド系殺虫剤は現在、世界の農業分野で最も多く使用されている殺虫剤である。ということは宍道湖で突如としてウナギが捕れなくなったようなことが、世界のどこかでこれから起こるかもしれない。あるいは読者の身近な水辺で、既に起こっているのかもしれない。それに気付けるのは誰だろうか？

日本では水田に大量の農薬がまかれるが、そこから繋がっている川や海の状態は、漁師や釣り人くらいしか見ていない。一方で漁師や釣り人は、「最近○○が捕れない」「○○年前にはもっと○○がいたのに……」と現場の変化には気づいていても、かつて魚毒性の強い農薬によって魚が瞬時に浮いたような激変でもない限り、その原因が農薬だと判断できない。

ペルム紀末の大量絶滅は、もしその時代に人類がいたとしても止められなかっただろう。けれど今魚たちが直面している危機の原因がネオニコチノイド系殺虫剤であることが確かになれば、人類はきっと、魚を減らさないような殺虫剤を創り出すことができる。人間が作った物が原因であれば、改良するだけのことだから。

本書最大の目的は、日頃、水辺で魚に親しんでいる釣り人の読者に魚が減った原因を見極めるコツを伝え、子や孫の代まで豊かな水辺が日本に残るように日本の農業を変えていく原動力になっていただきたいことにある。そこでまずは農薬、とくにネオニコチノイド系殺虫剤についてざっと解説する。

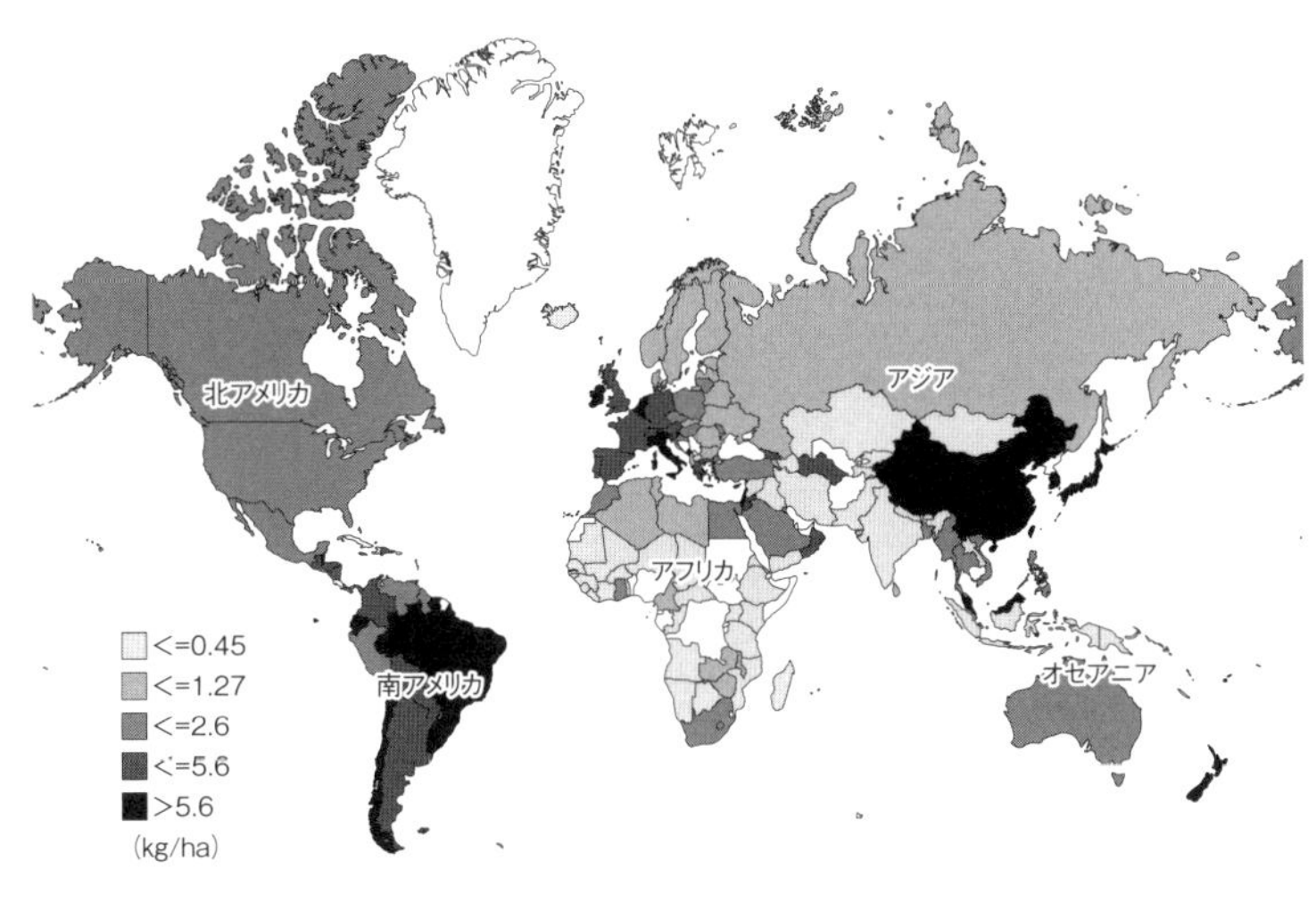

図1　2017年時点での世界における耕地面積あたり農薬使用量（単位：kg/ha）
出典：http://www.fao.org/faostat/en/#data/EP/visualize

ネオニコチノイド系殺虫剤とは

世界における化学農薬の使用量を見ると、多く使われているのはアジア、ヨーロッパ、中南米だ（図1）。アジアでもとくに東アジアで使用量が多く、1ha当たり使用量は中国13・1kg、韓国12・4kg、日本11・8kgで、ヨーロッパで最も多いオランダの7・9kg、2番目のベルギーの6・7kgなどと比べて倍近い量を使用している。大型農業により農薬の大量散布をイメージさせるアメリカの使用量は、わずか2・5kgにとどまっている。東アジアの国で使用量が多いのは、モンスーンの影響で夏に高温多湿になって病虫害の被害が多くなることや、米の生産量が多く水田で農薬が多用されることが原因とされる（浦野・浦野、2018／※5）。

化学農薬のうち害虫を退治するのに使われるのが殺虫剤だ。殺虫剤には、昆虫の神経系に作用するもの、細胞内呼吸を阻害するもの、成長を阻害するもの、代謝を制御するもの、筋小胞体に作用するもの、物理的に気門を封鎖するものなどがある。主流は神経系に作用するものだが、人や魚を含む昆虫以外の動物にも悪影響を及ぼすことが明らかになるたびに、異なる系統の製品が開発されて置き換わってきた（図2）。

レイチェル・カーソンがニューヨーカー誌に「沈黙の春」の連載を始めた1962年当時、環境中に大量に散布されていたのは有機塩素系のDDTで、この殺虫剤により全米各地で魚類が大量死したり激減したりしたと記している（カーソン、2001／※6）。有機塩素系殺虫剤は残留性や生物濃縮性が高く毒性が強いことから残留性有機汚染物質（POPs）として多くの国で禁止された。

続いて主流になったのが有機リン系だが、1953年に日本での本格的使用が始まったパラチオンは有明海でアミ類やエビ類の大量死をもたらしただけでなく、70人の死者と1564人の中毒者が発生し、翌1954年にも死者70人、中毒者1887人を出した（植村振作ほか、2002／※7）。以後も有機リン系殺虫剤による農民の健康被害や自殺が多数報告され、農作物への残留もしばしば問題になった（浦野・浦野、2018／※5）。

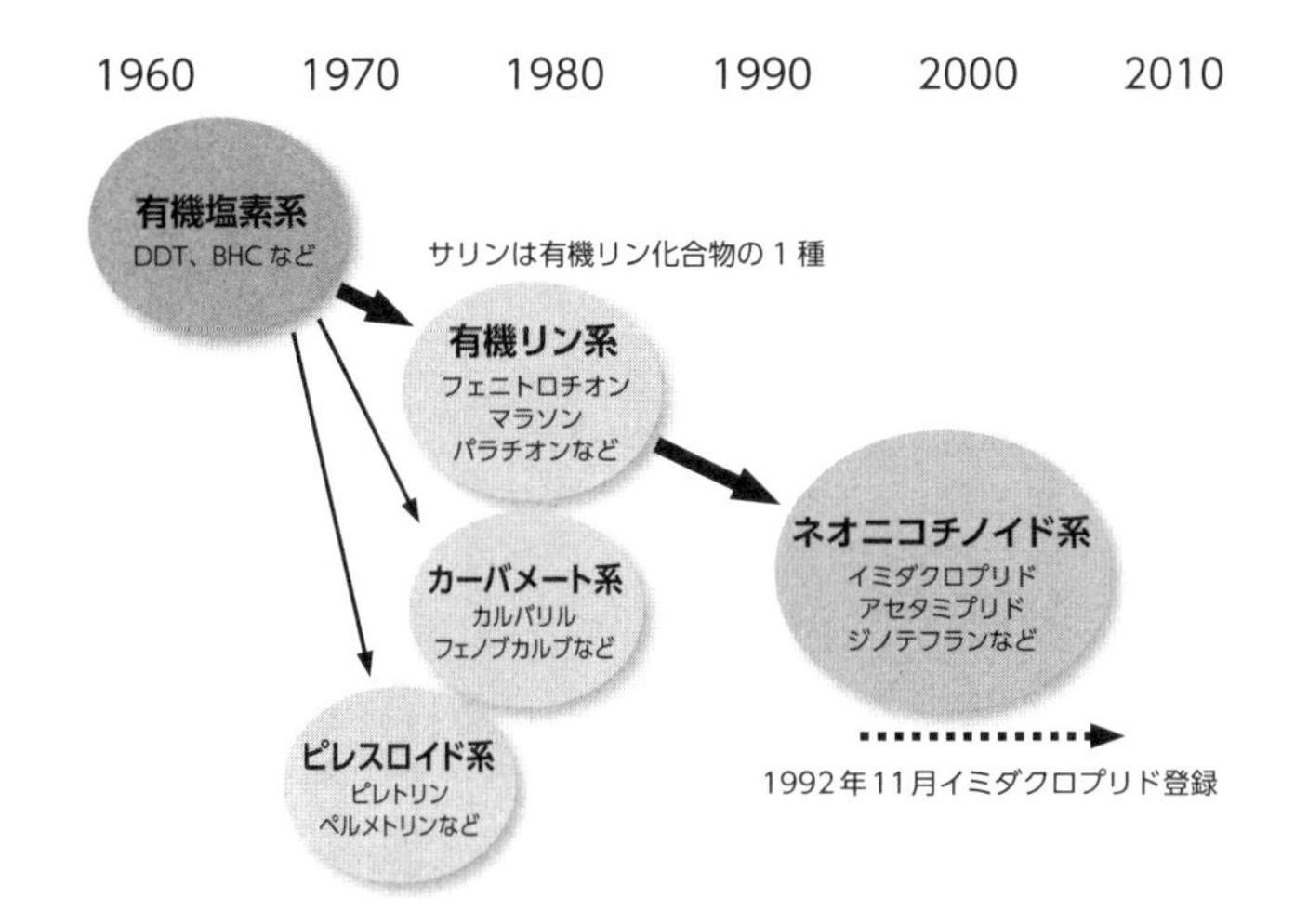

図２　昆虫の神経系に作用する殺虫剤の変遷
太い矢印で示されたタイプがそれぞれの時期の主流だが、有機塩素系以外のタイプは現在の日本でも多種類が製造・販売されている。

そのような経緯で、**現在、世界的に広く使用されるようになったのがネオニコチノイド系殺虫剤だ。有機リン系と比べ人体や哺乳類・鳥類・爬虫類への安全性が高い一方で、昆虫に対する毒性が強いことが長所とされる。**また水溶性であるため植物に吸収され、根から葉先まで浸透移行（植物体の中を移動）することや環境中での残留期間が長いことから、散布回数を減らすことができることも長所とされる。

ただしそれらの長所により、ネオニコチノイド系殺虫剤は害虫だけでなく、ミツバチといった益虫までも減らしてしまうことになる。さらには水溶性であるために、水田の水中で生活するアカトンボの幼虫やタガメなども減らしてしまう。実際、欧米では近年になってミツバチが原因不明で大量に失踪する蜂群崩壊症候群が多発し、ネオニコチノイド系殺虫剤が一因である可能性が検討されている。またアキアカネの減少がネオニコチノイド系殺虫剤などの浸透性殺虫剤が原因とする論文も発表されている。

しかしネオニコチノイド系殺虫剤に対して、魚毒性は報告されていない。実際、著者も宍道湖のウナギとワカサギが減ったのは、DDTのように直接影響を受けたとは考えていない。

ではなぜ宍道湖でネオニコチノイド系殺虫剤によってウナギとワカサギが減ったのか？

ヒントは「エサ」だ。ネオニコチノイド系殺虫剤は昆虫以外の動物には影響が少ないとされているので、当然、鳥にも影響しないはずだ。しかしオランダで多く使用されるネオニコチノイド系殺虫剤のイミダクロプリドの水域での濃度と、その水域周辺の昆虫食性の鳥の数との関係を調べたところ、イミダクロプリドの濃度が高いほど鳥の数が少なくなる傾向が認められた（Hallmann ほか、２０１４／※８）。

直接毒性がなくても、エサが減ればそれを食べる動物の数が減っても不思議ではない。しかしウナギやワカサギはエサを昆虫に頼っているわけではない。ネオニコチノイド系殺虫剤は、彼等のどのようなエサに悪影響を及ぼしたのだろう？　次回はこのエサ問題が関わってくる、水圏での食物連鎖を中心に解説する。

参考文献

1／宮正樹（2016）新たな魚類大系統―遺伝子で解き明かす魚類３万種の由来と現在. 慶應義塾大学出版会, 215.

2／平塚純一・山室真澄・石飛裕（2006）里湖モク採り物語　50 年前の水面下の世界. 生物研究社, 144.

3／島根県立図書館 , リファレンス協同データベース , 2011 年 03 月 25 日更新（最終閲覧日：2020 年 5 月 11 日）https://crd.ndl.go.jp/reference/modules/d3ndlcrdentry/index.php?page=ref_view&id=1000080873

4／海部健三（2013）わたしのウナギ研究. さえら書房, 144.

5／浦野紘平・浦野真弥（2018）えっ！そうなの？！私たちを包み込む化学物質. 株式会社コロナ社, 193.

6／レイチェル・カーソン（2001）沈黙の春. 新潮社, 403.

7／植村振作・辻万千子・前田静夫・河村宏・冨田重行（2002）農薬毒性の事典　改訂版. 三省堂 ,

8／C.A. Hallmann, R. P. B. Foppen, C. A. M. van Turnhout, H. de Kroon, E. Jongejans (2014) Declines in insectivorous birds areassociated with high neonicotinoid concentrations. *Nature*, 511, 341-343.

第2回

カギを握る「食物連鎖」と宍道湖の生態系

今回の要点

- 農薬が生物に与える影響を理解するには、「食物連鎖」の知識が欠かせない。

- 自然界における食物連鎖は、本来、複雑な構成要素から成っている。

- しかし、宍道湖においては、特有の自然条件から構成要素がシンプルであった。

- そのことにより、ネオニコが生物に与える影響について効果的な調査ができた。

食べたものの1～2割しか身にならない。押さえておきたい食物連鎖の基本

「食物連鎖」とは、生物の関係を、食べる・食べられるのつながりで捉える考え方だ。

光合成により自身で有機物を作り出す植物を「生産者」と呼び、この生産者を食べる生物を「一次消費者」と呼ぶが、その関係を上位まで示したものがP31の「図1」になる。

この図をもう少し説明すると、全体の形（三角形）は各段階の生物の単位時間当たり生産量を概念的に示している。上の栄養段階の生物は、食べたものをすべて消化できるわけではなく、一部は排泄される。また、消化したものの一部もエネルギーとして消費され、すべてが体になるわけではない。このため生産量で表わすと、上に行くほど小さくなり、この図は「生態ピラミッド」と呼ばれる。そしてある段階とそのひとつ上の段階との比を「生態的効率」と呼び、海洋ではその比がおよそ0・1～0・2とされる（※1）。

つまり「食べる・食べられる」の関係にある生物の間では、食べたものの1～2割しか身にならない、ということを示している。上位の消費者が生きるためには、それだけ多くの下位の生産者（あるいは消費者）が必要なのである。

水圏（海、河川、湖沼）の主な生産者は、珪藻や緑藻などの植物プランクトン、一次消費者はそれらを食べるミジンコやワムシなどの動物プランクトンや二枚貝などだ。そして一次

消費者を食べる二次消費者には、水圏では動物プランクトンを食べる魚などが該当する。三次消費者は二次消費者を食べる動物で、湖や池ではオオクチバスなどの魚食魚が該当する。

アユやワタカは一次消費者？

図1の生産者に当たる植物は、植物プランクトン以外にもさまざまなタイプがある。珪藻や緑藻には、水中に漂わず岩などに付着するタイプもいる。川の中流でアユが食べているのがこの付着藻類で、この場合、アユは一次消費者になる。また、水中の植物には水草もあるが、琵琶湖原産のワタカの成魚は水草を食べる日本では珍しい草食を行なう魚だ。ただしワタカは水草だけを食べているわけではなく他のものも食べる雑食なので、純粋な一次消費者というわけではない。

魚類図鑑などを見ると、ワタカのように「雑食」とされる魚は多い。たとえばボラの場合、水底の砂泥ごと口に入れて、半ば腐ったもの（デトリタス）や生きた付着藻類、底生動物など利用可能な有機物をすべて消化する。こういった魚は食物連鎖の段階を特定することはできない。また肉食魚に限っても、2種類のエサ、つまり「植物（プランクトン）→動物プランクトン→魚」と連鎖した二次消費者の魚と、先述のアユのように「植物（底生緑藻）→魚」と連鎖した一次消費者の魚がいて、肉食魚がどちらも食べる場合、二次消費者でもあり、三

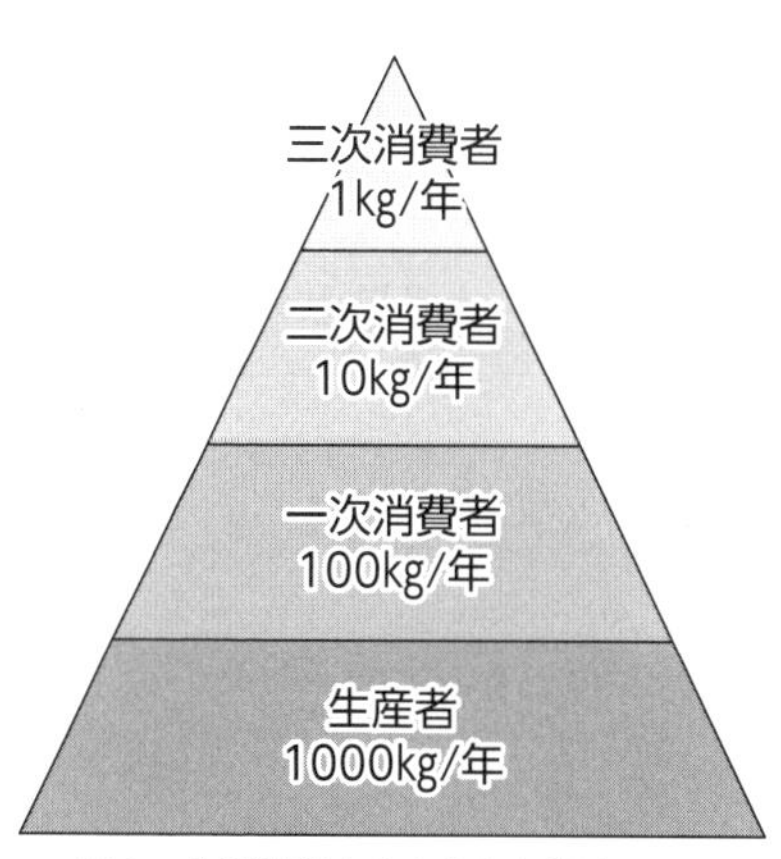

図1　生態効率を 0.1 とした場合の生態ピラミッド

上がアユで下がワタカ。農薬と魚類減少の因果関係を科学的に推察するには、水辺の食物連鎖に関する知識が欠かせない

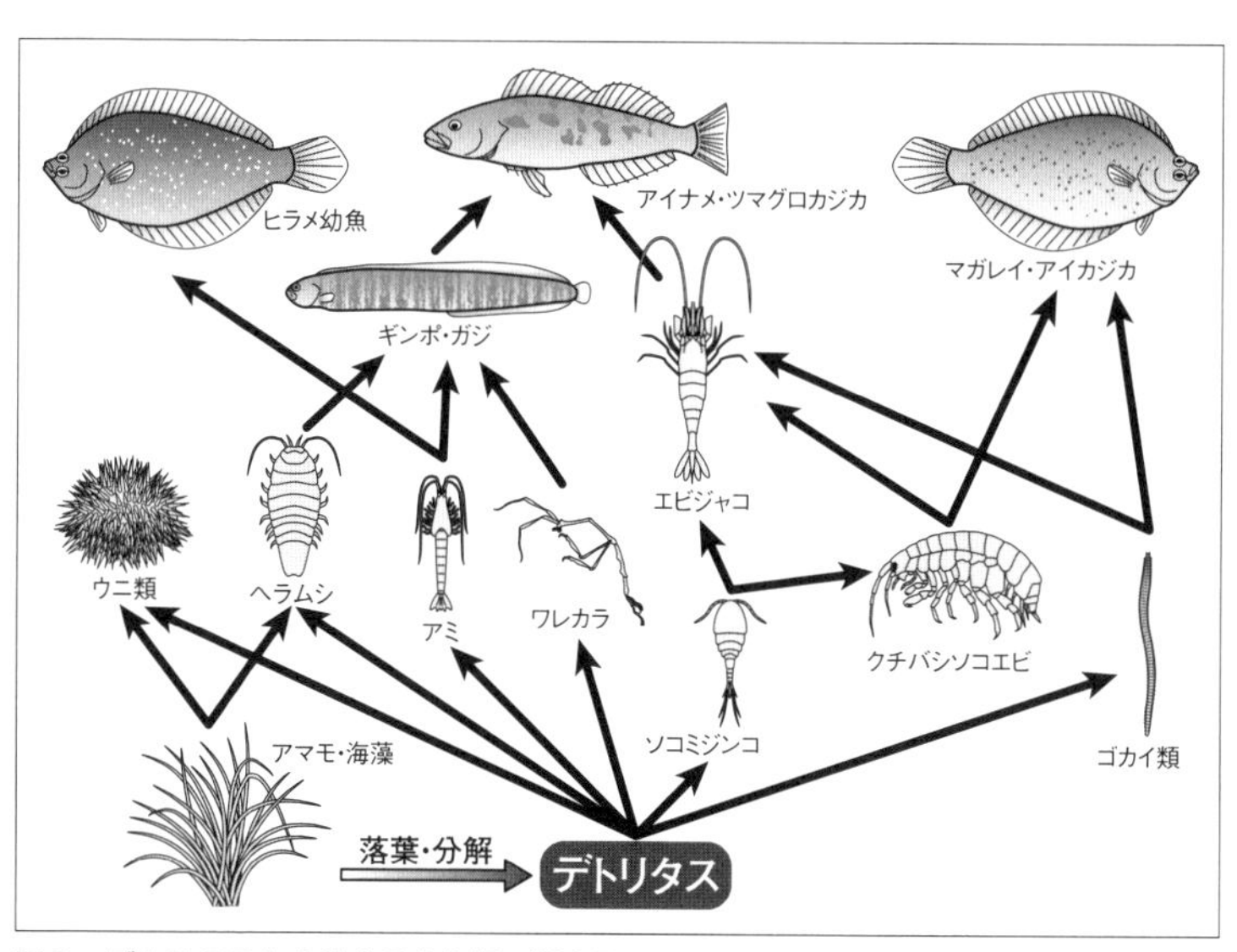

図2　デトリタスから始まる食物網の概念図

出典：http://www.pref.hokkaido.lg.jp/sm/gkc/kaisou3.htm　※一部改変

次消費者でもあることになる。

さらには、食物連鎖は生きているものだけを想定しているが、現実にはデトリタスという、生きていない生物起源の有機物も絡み合って、網目状のつながりになっている(前頁の「図2」は北海道の海を例にした概念図)。このことから最近では「食物網」(food web)と表現され、食物連鎖という言葉に網状の関係を想定している場合もある。また、魚の場合、図2のヒラメを「幼魚」と特定しているように、成魚はアミ類などの動物プランクトンではなく、主に魚を食べる。魚は成長段階によって食性が変化するのがむしろ普通で、マダイも成魚はカニ・シャコなどや魚を食べるが、稚魚・幼魚の間は動物プランクトンやエビ・カニなどの幼生などを食べる。先述のアユも、冬は海に下って沿岸で動物プランクトンを食べている。

エサが減ればそれを食べる動物も減る

食物連鎖は分かりやすい考え方だが、非常に単純化した概念であることから、実際の水域で特定の魚類の生息状況を検討する際には、それぞれの水域で対象とする魚がどの成長段階で何を食べているのか確認することが重要である。とはいえ、**エサとなる生物やデトリタスよりもそれを食べる生物の生産量のほうが多くなることはあり得ず、エサが減ればそのエサに依存している上位の動物も減る**という生態ピラミッドが示す概念が、生態系を理解するうえで有用であることに変わりはない。たとえば主な生産者が植物プランクトンである水域で漁業を行なう場合、植物プランクトンを濾過してエサとするアサリやシジミ（一次消費者）のほうが、動物プランクトンをエサとする魚（二次消費者）よりも多く漁獲できることを、生態ピラミッドから推測することができる。

私が汽水の宍道湖で農薬の影響を調査した理由

著者は前回、宍道湖でウナギとワカサギの漁獲量が減ったのは、ネオニコチノイド系殺虫剤によってエサが減ったためではないかと書いた。魚が何を食べるか、そのエサがなぜ減ったかを解明するのは、図2のように複雑な食物網が構成されている場合、非常に難しい。しかし宍道湖は日本の他の多くの湖沼にない独特な湖だったことが幸いした。塩分だ。

宍道湖は海水の10分の1くらいの塩分の汽水で満たされている。汽水の塩分は淡水や海水の流入状況によって常に変動するので、生物はそのときどきの塩分に応じて浸透圧を調節しなければならない。浸透圧調節とは、分かりやすく言えば、体内と体外の塩分を同じにすることだ。体内より体外のほうが薄いと、細胞に水が入ってきて細胞が破裂する。逆に体内より体外のほうが濃いと、塩を振られたナメクジのように細胞の水が奪われる。海産種や淡水種の多くが浸透圧を調節できないため、汽水域には生息できない。このため汽水域は「図3」

のように、生息できる生物の種類数が最も少なくなる。

たとえば、海であればアサリ・ハマグリ・ムラサキイガイ・カキなど、水中に浮遊している粒子を濾過して食べる二枚貝だけでも4〜5種類以上は生息しているのに対し、宍道湖ではほぼ100%ヤマトシジミだ。ヤマトシジミはさらに、重い貝殻を除いても、宍道湖において水底に潜って生活する「底生動物」と呼ばれる動物すべての重量の97%以上を占めている。

従ってヤマトシジミが何をしているかを調べるだけで、この水域（＝宍道湖）で底生動物が環境に与える影響の大部分は説明できることになる。二枚貝だけでなく、東京湾では30種以上はいる多毛類（＝ゴカイの仲間、環形動物門）も、宍道湖では10種に届かない。昆虫類が含まれる節足動物も、堆積物の中に住む底生動物に限れば数種類しかいない。このように種数が少ない特殊な水域だったからこそ、約40年前の大学の卒業論文で「宍道湖の湖底にいるすべての底生動物の現存量を種類ごとに調べる」という無謀な研究が可能になり、ネオニコチノイドが使われている現在との比較ができたのだ。

魚のエサとなる動物プランクトンは、ネオニコが殺す昆虫と同じ節足動物の仲間

宍道湖の主要な生産者は植物プランクトンで、底生動物の大部分を占めるヤマトシジミが、

美保湾（日本海）側から、中海（手前）、宍道湖（奥）を望む。中海、宍道湖とも汽水湖で連結しており、海に直接接しているのは中海

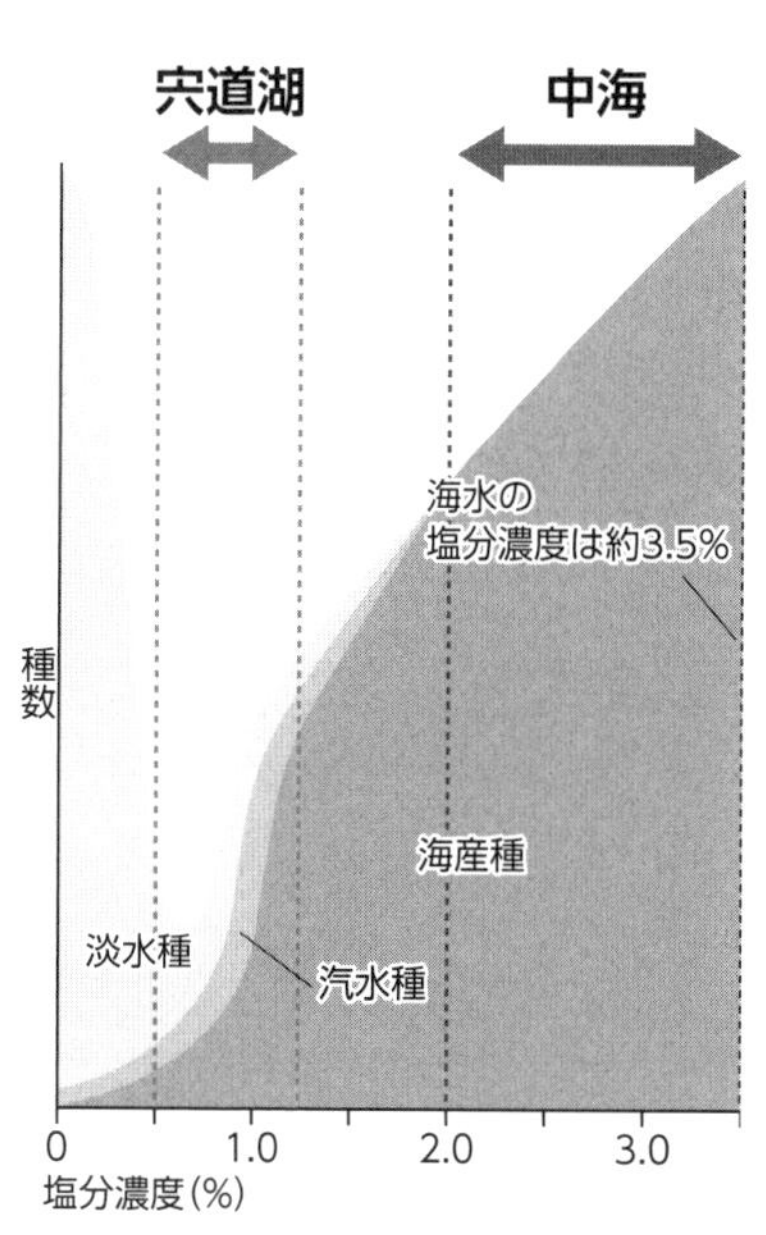

図3

宍道湖と中海の塩分による生物数の差

宍道湖より海側にある中海ではほぼ海産種が生息するのに対し、宍道湖では汽水種が多く、なおかつ種類数が中海より少なくなる。

出典：Hedgpeth J. W. (Ed.) 1957. Treatise on Marine Ecology and Paleoeology. Vol. 1. *Ecology*. Geological Society of America, New York, 1296.

湖底まで届いた植物プランクトンやその遺骸を食べる一次消費者となる。しかしウナギやワカサギはシジミを食べず、別の一次消費者（およびそれ以上の高次消費者）がエサとなる。

その際、ワカサギの場合は動物プランクトンが主なエサだが、動物プランクトンもまた宍道湖では特異な様相を呈する。まず、宍道湖の動物プランクトンは、カイアシ類とミジンコ類という節足動物だけで大部分を占める（図4上）。そしてカイアシ類の中でも、1997年9月にオナガミジンコ（*Diaphanosoma brachyurum*）が73％を占めた以外は、キスイヒゲナガミジンコ（*Sinocalanus tenellus*）1種が動物プランクトンの大部分を占める（図4下）。

同じ方法で宍道湖の隣に位置する中海を調査し、湖心（湖の中心付近）で得られた動物プランクトンと比べると、宍道湖の特異性がさらに歴然とする（図5）。中海でも宍道湖同様に節足動物が大部分を占めたが、中海では環形動物（多毛類）、脊索（せきさく）動物（オタマボヤ類）、毛顎（もうがく）動物と多様な分類群も動物プランクトンとして生活している（図5上）。さらにはカイアシ類の中でも1種類だけで全体の90％以上を占めたのは36回の調査のうち10回にとどまる（図5下）。

宍道湖のように節足動物だけで動物プランクトンの100％近くが構成されるのは汽水域の特徴だが、淡水・海水でも主要な動物プランクトンは節足動物だ。節足動物は現在の陸域・水域双方で最も繁栄しているグループで、知られているだけでも120万もの種類が存在している。最も種類数が多いのがネオニコチノイド系殺虫剤によって効果的に殺傷される昆

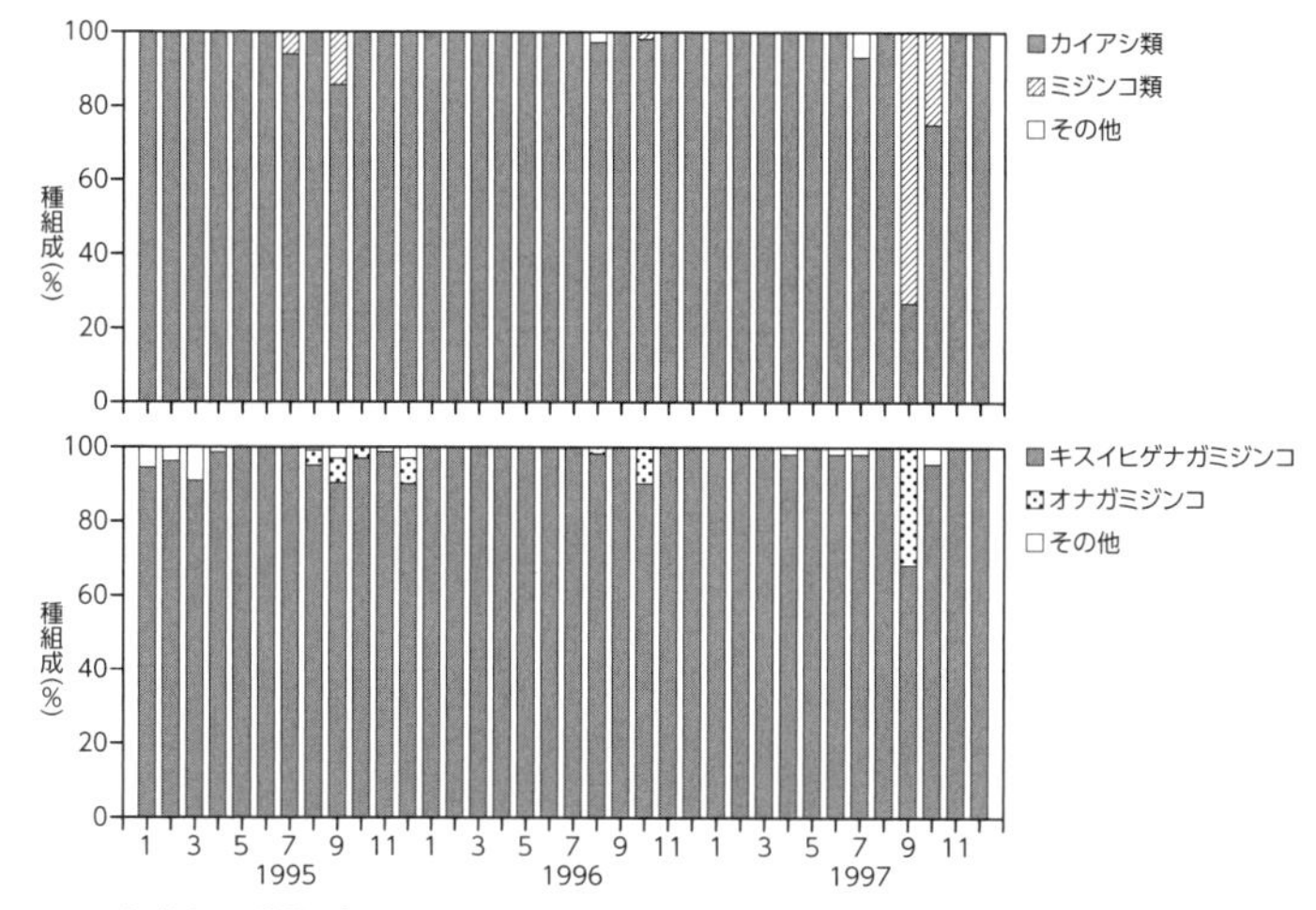

図4　宍道湖の動物プランクトンの組成

宍道湖（湖心で採水）の動物プランクトンを調べると、ほぼカイアシ類で（上）、なおかつカイアシ類の組成はキスイヒゲナガミジンコ1種が大半を占めている（下）（引用文献2より）。

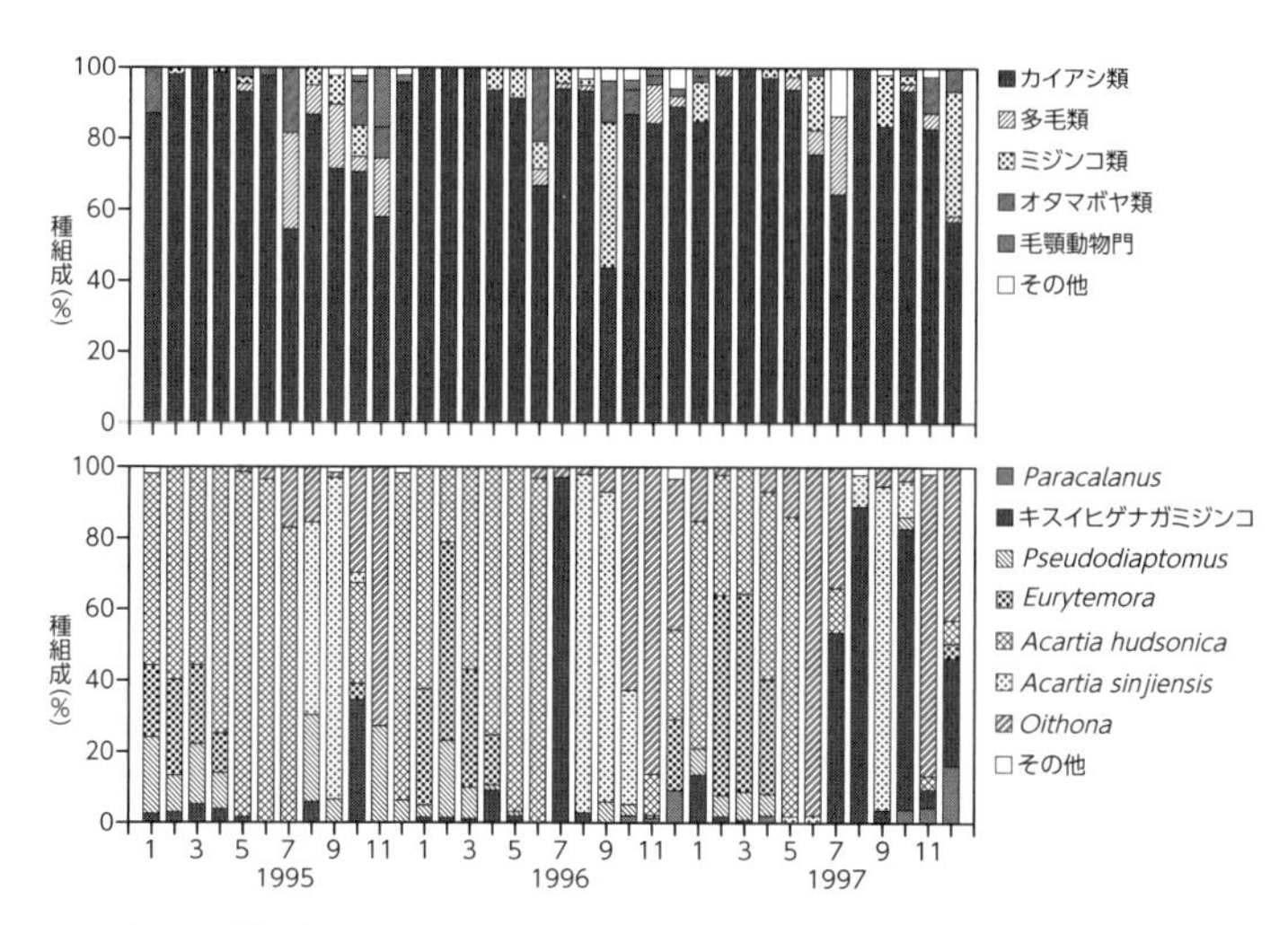

図5　中海の動物プランクトンの組成

中海（湖心で採水）の動物プランクトンを調べると、カイアシ類以外も見られ（上）、なおかつキスイヒゲナガミジンコ以外のカイアシ類も多い（下）（引用文献2より）。

虫類、次いで甲殻類（エビ、カニ、ミジンコ、オキアミなどの仲間で、大部分が水生動物）、多足類（ムカデなどの仲間）、鋏角類（クモ、サソリ、カブトガニ、ウミグモなどの仲間）、三葉虫類（5・4億年前から2・5億年前に生息していた化石種）と続く。5億年前に発生した魚類の祖先の一部にとっては、その前から生息していた節足動物は格好のエサだったに違いないし、今でも多くの魚が節足動物、とくに甲殻類をエサにしている。

ネオニコチノイド系殺虫剤が動物プランクトンに作用したのか？

ネオニコチノイド系殺虫剤は昆虫類の神経系に作用するが、同じ節足動物である甲殻類の神経系は昆虫類とほぼ同じだ。となると、宍道湖の動物プランクトンの大部分を占めるキスイヒゲナガミジンコは、もしかしたらネオニコチノイド系殺虫剤の影響を受けるかもしれない。日本では水田用のイミダクロプリドというネオニコチノイド系殺虫剤が、1992年11月に初めて登録された。従って日本でネオニコチノイド系殺虫剤が最初に使用されたのは、1993年の田植え期となる。

宍道湖では国土交通省出雲河川事務所によって、毎月、湖心で動物プランクトン調査が行なわれている。そのデータを確認したところ、**まさに1993年5月に動物プランクトンが激減し、その後回復の兆しがなかった**（図6）。

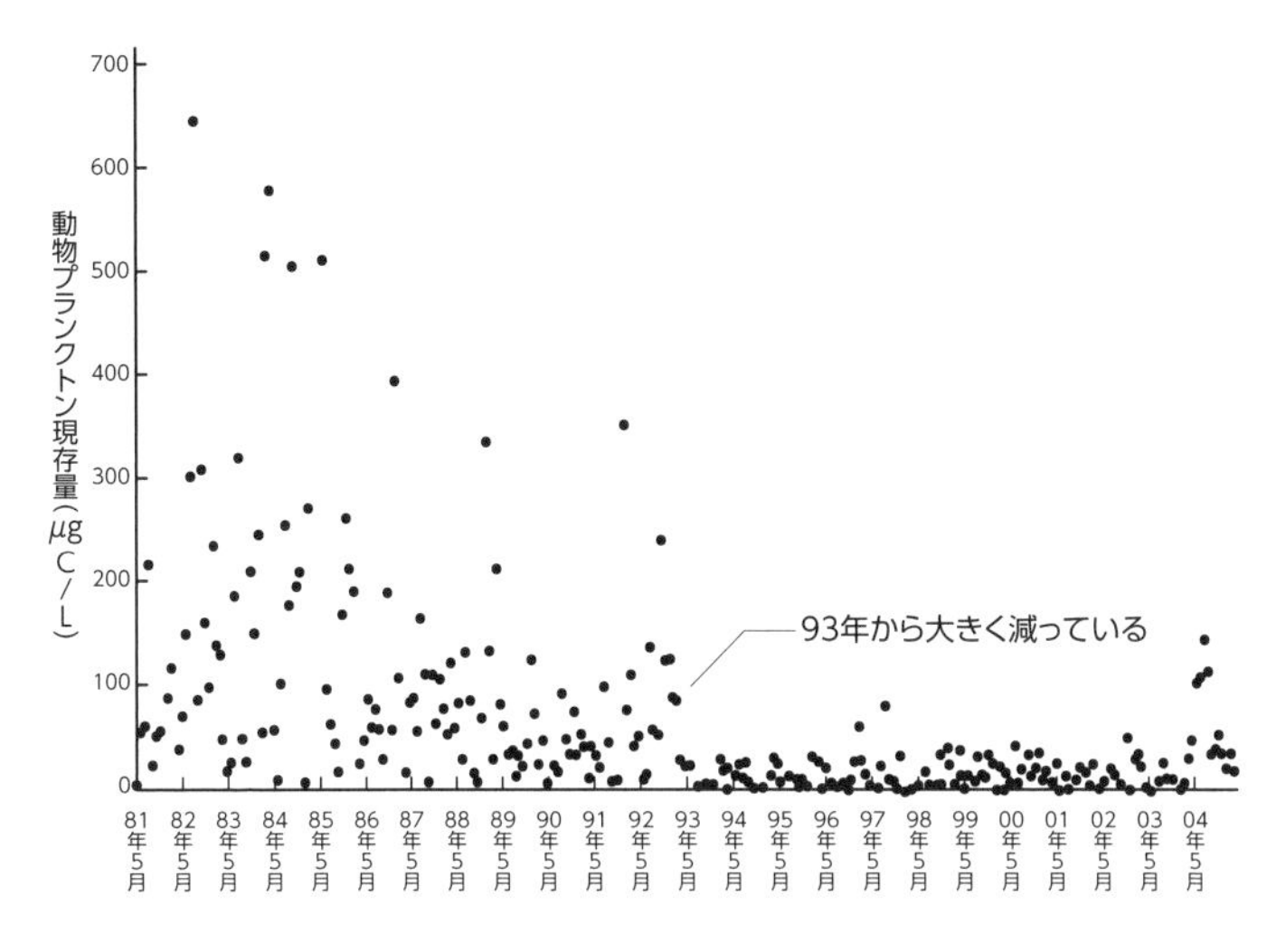

図6　宍道湖湖心で毎月調査された動物プランクトン現存量の推移
量をより正確に把握するために、個体数と大きさから炭素量に換算した値で表現している。1993年から明らかに激減して以降回復していない(引用文献3の図を改変)。

しかしこのデータだけで、ネオニコチノイド系殺虫剤によって動物プランクトン（＝キスイヒゲナガミジンコ）が激減したと主張することはできない。図1の生態ピラミッドで動物プランクトンは下から2段目の位置に当たる一次消費者だ。ということは、一番下にある生産者が減れば、動物プランクトンも減ることになる。そちらが原因の可能性もあるからだ。

実際、瀬戸内海などでは排水規制によって「貧栄養化（動物プランクトンのエサの減少）」が進んだことで漁獲量が減ったとの主張も出ている。次回はこの「貧栄養化」を含め、生物（＝食物連鎖）・非生物を通じて動植物を作る元素がどのように循環しているかという、生元素循環を解説する。

参考／引用文献

1／東京化学同人（2010）「生物学辞典」生態的効率（718 ページ左欄）

2／S. Uye, T. Shimazu, M. Yamamuro, Y. Ishitobi, H. Kamiya (2000) Geographical and seasonal variations in mesozooplankton abundance and biomass in relation to environmental parameters in Lake Shinji–Ohashi River–Lake Nakaumi brackish-water system, Japan. *Journal of Marine Systems*, 26, 193–207

3／M. Yamamuro, T. Komuro, H. Kamiya, T. Kato, H. Hasegawa, Y. Kameda (2019) Neonicotinoids disrupt aquatic food webs and decrease fishery yields. *Science* 366, 620–623.

第3回

ミジンコのエサは減っていたのか？～水辺の有機物と物質循環の概念～

今回の要点

■ 魚類減少の原因を探るには、水中の有機物量の変化も検証する必要がある。

■ 植物プランクトンは水中の窒素やリンを栄養素として吸収し有機物を作り出す。この有機物が食物連鎖をとおして生態系を支えている。

■ 一方で水中の有機物は水質汚濁や酸欠の原因にもなるため、行政はCODという値でその量を見張り、流れ込む有機物、窒素、リンの削減に取り組んできた。その際、窒素やリンの流入量の低下とともに漁獲量も減ってしまった事例がある。

■ 宍道湖では、魚類が減少する前と後で、水中と底土中の有機物の量に目立った変化はなかった。つまりそれ以外の人為的要因が影響している疑いが強まった。

宍道湖の食物連鎖を支える植物プランクトンの有機物

前回の食物連鎖の解説で、光合成により自身で有機物を作り出す植物を「生産者」と呼び、水域の生産者には珪藻や緑藻など水中を浮遊する植物プランクトンと、付着藻類や水草など浮遊しないタイプの植物があると説明した。どのタイプの植物が主な生産者になるかは、水域の地理的条件でほぼ決まる。たとえば川では常に水が移動するので、水中を漂う植物プランクトンは増えにくく、岸壁や礫(れき)などに緑藻や珪藻などが付着藻類として生える。このため、渓流には植物プランクトン食や植物プランクトンを食べるミジンコなどをエサとする魚ではなく、水生昆虫などを食べる魚が多い。

川の流れと植物プランクトンの関係は長良川の事例が分かりやすい。かつて長良川に河口堰を造ることになったとき、釣り人や住民は水質が悪化してサツキマスをはじめ魚に悪影響が及ぶと主張したが、施工者側は「流れが緩やかになっても水中の栄養分の濃度は変わらないから、水質は悪化しない」と説明した。しかし堰で水を止めたとたんに、堰の上流側でアオコが発生するようになった(西條、1998※1)。流れの有無はこのように、植物プランクトンにとって非常に大きな要因だ。

流れの有無と同様に、水底まで充分な光が届くかどうかも重要である。流れが急でない川では、砂や泥など根を張ることができる場があれば、ヨシやバイカモなどの水草が繁茂する。池や沼など、水があまり流動しない浅い水域では、水草が生産者の主体となる。これに対して水深が大きい湖沼や海では、水深が浅いところには水草や海草、海藻などが生えるが、ある程度の水深になると光合成に必要な光が底まで届かないため、生産者は水面付近を漂う植物プランクトンが主体となる。本連載の対象である宍道湖は日本で7番目に広い湖で、主な生産者は植物プランクトンだ。

有機物は汚濁や酸欠の原因にもなる

植物プランクトンは水中に漂っているため、自身が増えるために必要な肥料分（栄養塩と呼ぶ）は水から吸収する。**主な栄養塩は庭や畑の植物と同じ、窒素とリンだ。**このため、窒素やリンの濃度が水中で増えると、植物プランクトンも増殖しやすくなる。植物プランクトンは魚のエサとなる動物プランクトンのエサなのだから増えるのは必ずしも悪いことではないが、過ぎたるは及ばざるがごとし。淡水域のアオコや海域の赤潮と呼ばれる現象は、特定の植物プランクトンの異常増殖によって引き起こされ、人間だけでなく魚にも悪影響が及ぶ。

植物プランクトンは、日中は光合成により酸素を放出するが、夜間は呼吸により酸素を消費する。また枯死した植物プランクトンが水底にたまると、**その分解時にバクテリアなどが酸**

素を消費して酸欠状態になる。そうなると移動能力が乏しい底生動物を中心に大量死が起こる。

有機物の量はCODという値を使って表わす

水中の有機物は水辺の植物や植物プランクトンが自然に作り出すものだけではない。人間の活動によって生み出される有機物や栄養塩が下水や農地などから流れ込んで生態系に影響を与えている。

日本では高度経済成長期に水域の有機汚濁が急速に進んだため、水域の生物の保全を目的に、湖や海では有機物量を反映する化学的酸素要求量（chemical oxygen demand の頭文字をとってCODと称される）を主な環境基準とする水質汚濁防止法が、1970年に制定された。このため毎年発表される湖沼水質ワーストランキングは、CODの年間平均値の順で作成される。

湖や内湾では当初、流入する有機物量を削減することで水質浄化を図ろうとした。しかし有機物を減らしても窒素やリンといった栄養塩が流入すれば、先述のように湖や内湾などの流れが弱いところでは植物プランクトンが増えて有機物量の増加につながる。このため窒素やリンの流入量についても削減を図るようになった。削減対策として多くの湖沼で効果を

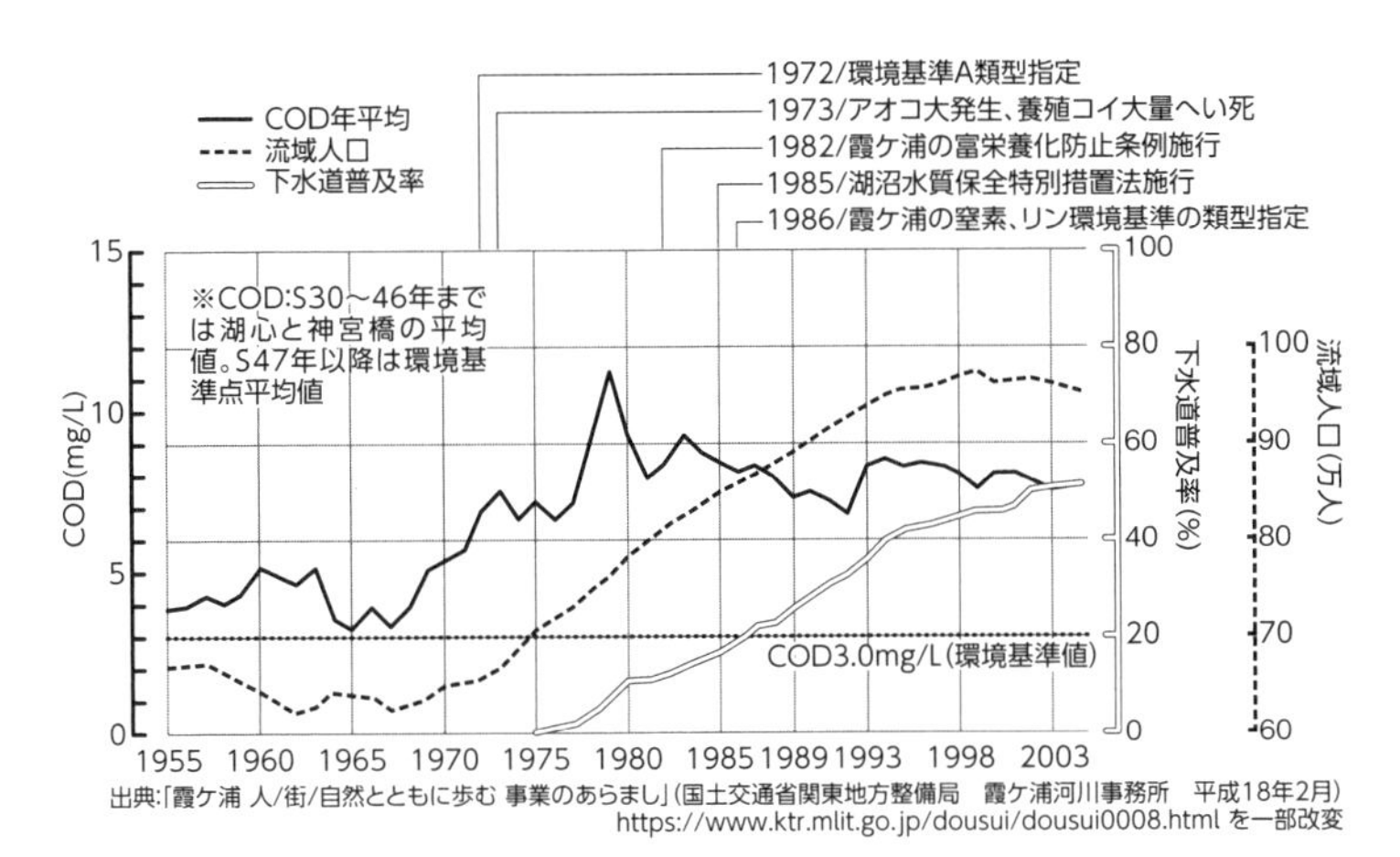

図1　霞ヶ浦の COD 値の推移

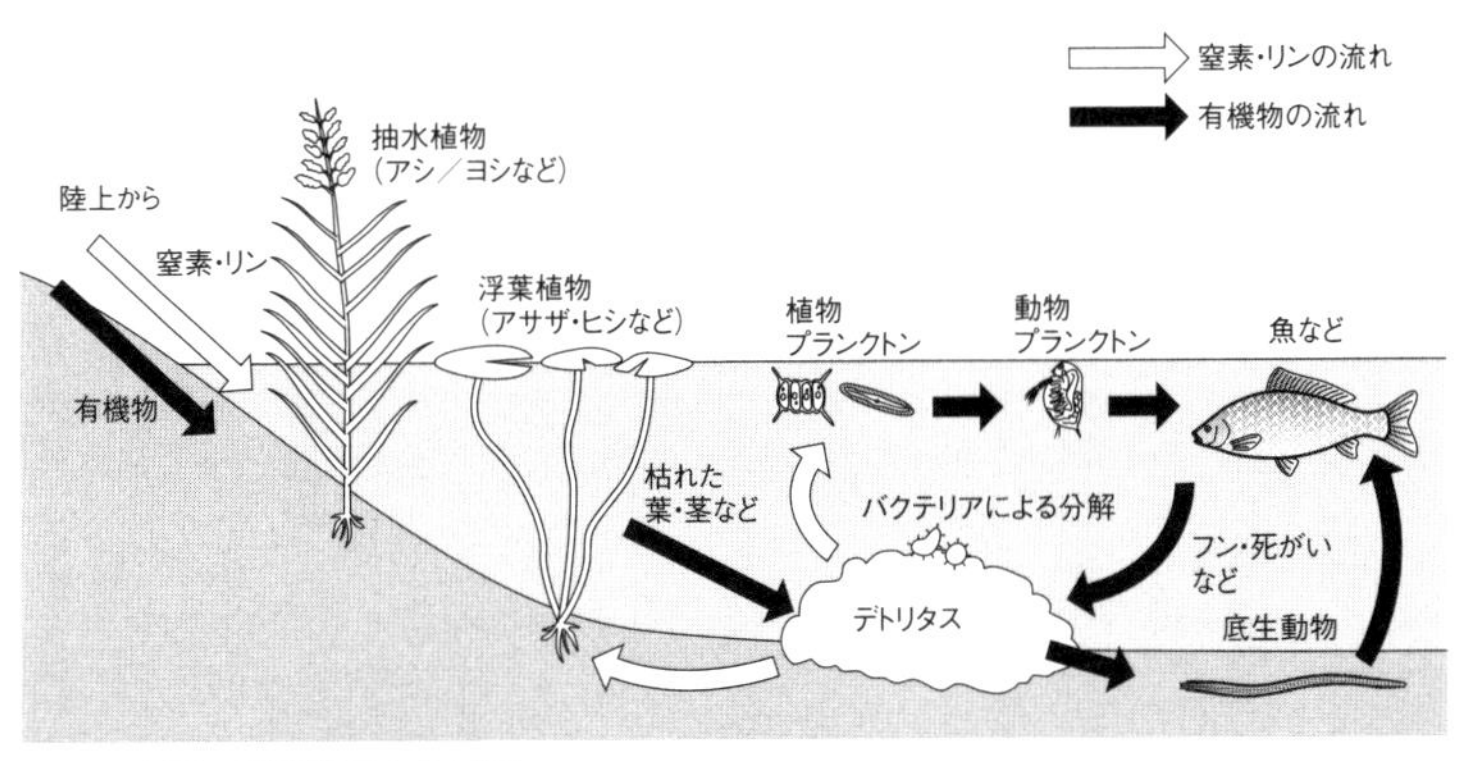

図2　水辺の物質循環の模式図

発揮したのが、下水処理だ（前頁図1）。霞ヶ浦では1965年ごろから流域人口が増加し、それとともに1979年ごろまではCODが上昇の一途だった。しかし1975年から下水道が整備され、その普及率が上昇するとともに、人口が増えてもCODが増えなくなった。下水処理場では有機物だけでなく、窒素やリンも効果的に除去されるためだ。

現在の水辺の保全対策の問題点。環境保全は魚類まで視野に入れて進めるべき

ここまで述べてきたように、生態系の変化を調査するにあたっては、物質循環の概念が欠かせない。水質浄化ひとつとっても、有機物や栄養塩の増減だけに注目するのではなく、調査現場の環境の中でそれらがどう巡っているかをマクロな視点で理解することが重要だ。（前頁図2）

ところが近年、窒素やリンを減らせば水質浄化になるという認識だけが独り歩きした結果、水辺の植物が窒素やリンを吸収するからと植栽が推進され、中学の理科の教科書にまで「アサザやヨシを植えることで水質が浄化される」と誤った内容が記載されるに至った。

釣りを通じて湖岸や川岸などの現場を見ていれば、アサザやヒシなどの浮葉植物に覆われた水域は酸素に乏しい泥底になっていることに気づくはずだ。水面が葉に覆われるとそれだけで酸欠になりやすいうえ、枯れた草体は有機物として底に沈みバクテリアによる分解が進

霞ヶ浦のかつてアサザが植栽された地点の堆積物。消波堤で波あたりが弱くなったので、植えられたアサザの遺骸や泥がたまり、ヘドロ臭を放つ。イシガイやカラス貝が生息し、タナゴ釣りのメッカだった湖岸は植栽から 10 年を経て貝殻さえない（根田植栽地、2012 年 6 月 15 日）

宍道湖のヨシが植栽された湖岸。ヨシを植栽すればシジミが増えるとシジミ漁業者は説明された。しかしヨシは人間が管理しなければ水質浄化どころか汚濁負荷になり、生態系に甚大な影響を与える。もともとヨシ原があったところでも、近年はヨシ焼きや刈り取りがされなくなり、有機汚濁負荷源となっている

むため、底土がヘドロ化するのである（前頁上写真）。水質浄化の目的は動物を守るために酸欠を招く有機物を減らすことなのに、このような場所には魚も貝も棲むことができない。ヨシも同様で、毎年ヨシ焼きや刈り取りを行なわない限り、２ｍ近い草体が毎年生えては枯れて積もるので、ヨシに覆われた場所はやがて陸地化し、「稚魚のゆりかご」になり得ない（前頁下写真）。

植物を使って環境保全を目指すのなら、往々にしてその植物が作り出した有機物を人の手で取り除くことが必要になるのだが、アサザやヨシを植えれば完了といった発想が、これまでの水辺の保全対策だった。

日本の水辺では、現実に基づかない保全対策が進められてしまう例が多く、注意が必要である。そうなってしまう原因は、「休む場所・増える場所・食べる場所すべてが揃わないと存続できない魚類こそが、水環境保全の指標にふさわしい」との認識が行政や保全生態学者にほとんど浸透していないためと著者は考えている。生産者、一次消費者、二次消費者、三次消費者まで保全できてこそ自然な生態系の保全で、一次消費者から三次消費者まで水中で生息しているのは魚だ。陸上生態系では食物連鎖の頂点に位置するワシ・タカ類の保全が重視されるのと、対照的である。

貧栄養化も起きていなかった宍道湖

一方で、流入負荷を減らし過ぎて魚のエサが減ったために漁獲量が減少したと、日本の複数の水域で主張されるようになった。いわゆる「水清ければ魚棲まず」で、専門用語では「貧栄養化」と呼ぶ。

その一例が大阪湾だ（次頁図3）。水中に溶けている窒素の濃度が翌年の小型底引き網漁獲量と有意な相関関係にあり、窒素濃度が減少するにつれて漁獲量が減っている。ただし魚は窒素ではなく有機物を食べるのだから、「貧栄養化が漁獲量減少の原因」と主張するためには、厳密には魚のエサとなる有機物が減ったことを示さねばならない。

宍道湖の場合、前回の解説で、魚のエサとなる動物プランクトンが1993年5月を境に急減したことを示した。その原因がネオニコチノイド系殺虫剤なのか貧栄養化によってエサが減ったからなのかは、動物プランクトンのエサとなる有機物（植物プランクトンやデトリタス。※P45図2参照）の増減で明らかにできる。

そこで我々は1993年5月を境とする前後約10年で、宍道湖湖心部表層で毎月観測されたCOD値がどのように変動したかを確認した（P51図4）。**結果、動物プランクトンが急減した前後でCOD値はほとんど変わっていない。**統計解析を行なったところ、1984

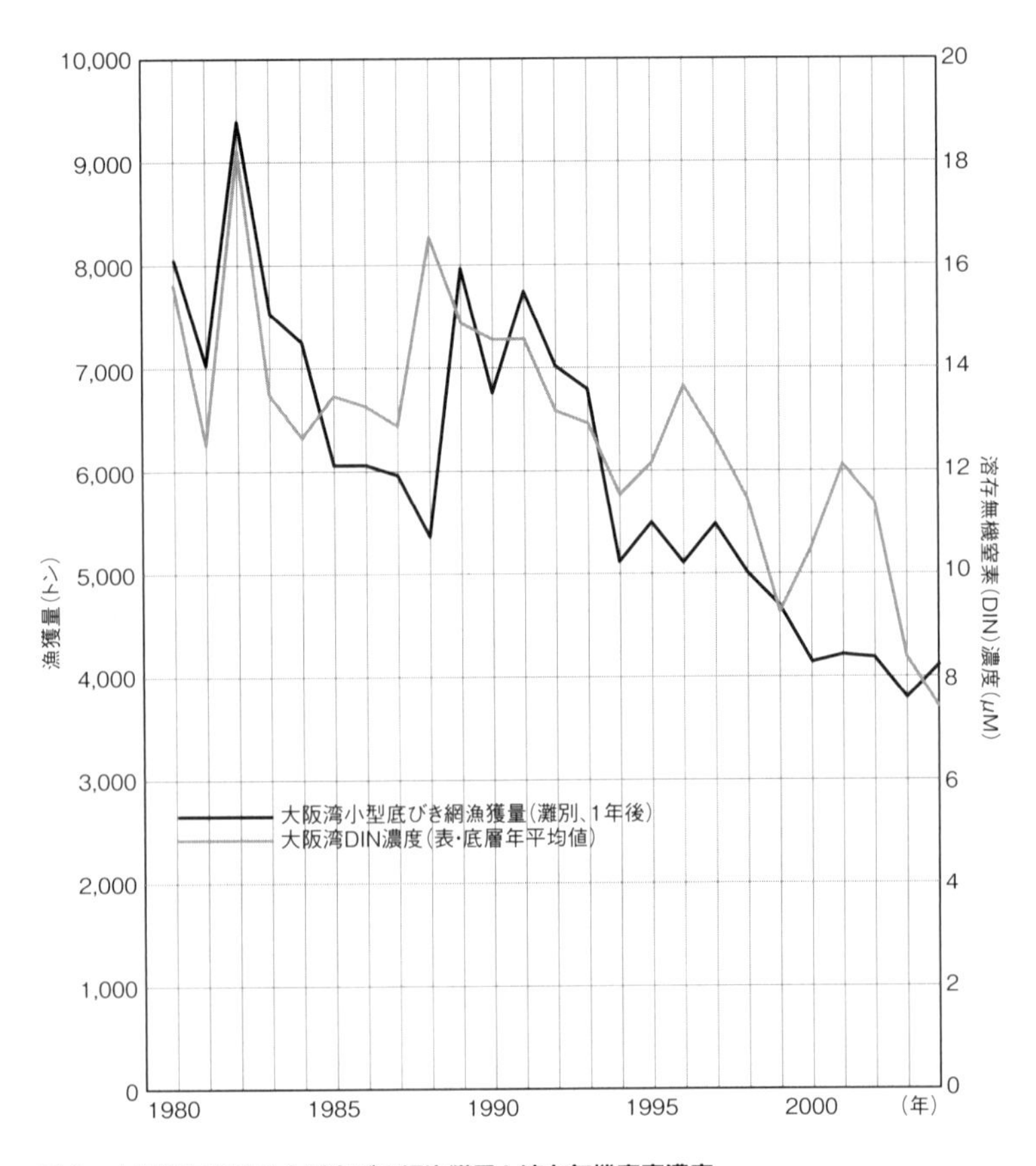

図 3　大阪湾における小型底びき網漁獲量と溶存無機窒素濃度

出典：反田・原田（2013）　DIN 濃度：大阪府立環境農林水産総合研究所水産研究部水産技術センターより（表・中層 20 定点、2、5、8、11 月の年間平均）　漁獲量：中四国農政局統計部、瀬戸内海区および太平洋南区における漁業動向より

山本民次・花里孝幸（編著）（2015）「海と湖の貧栄養化問題」地人書館、110 ページ

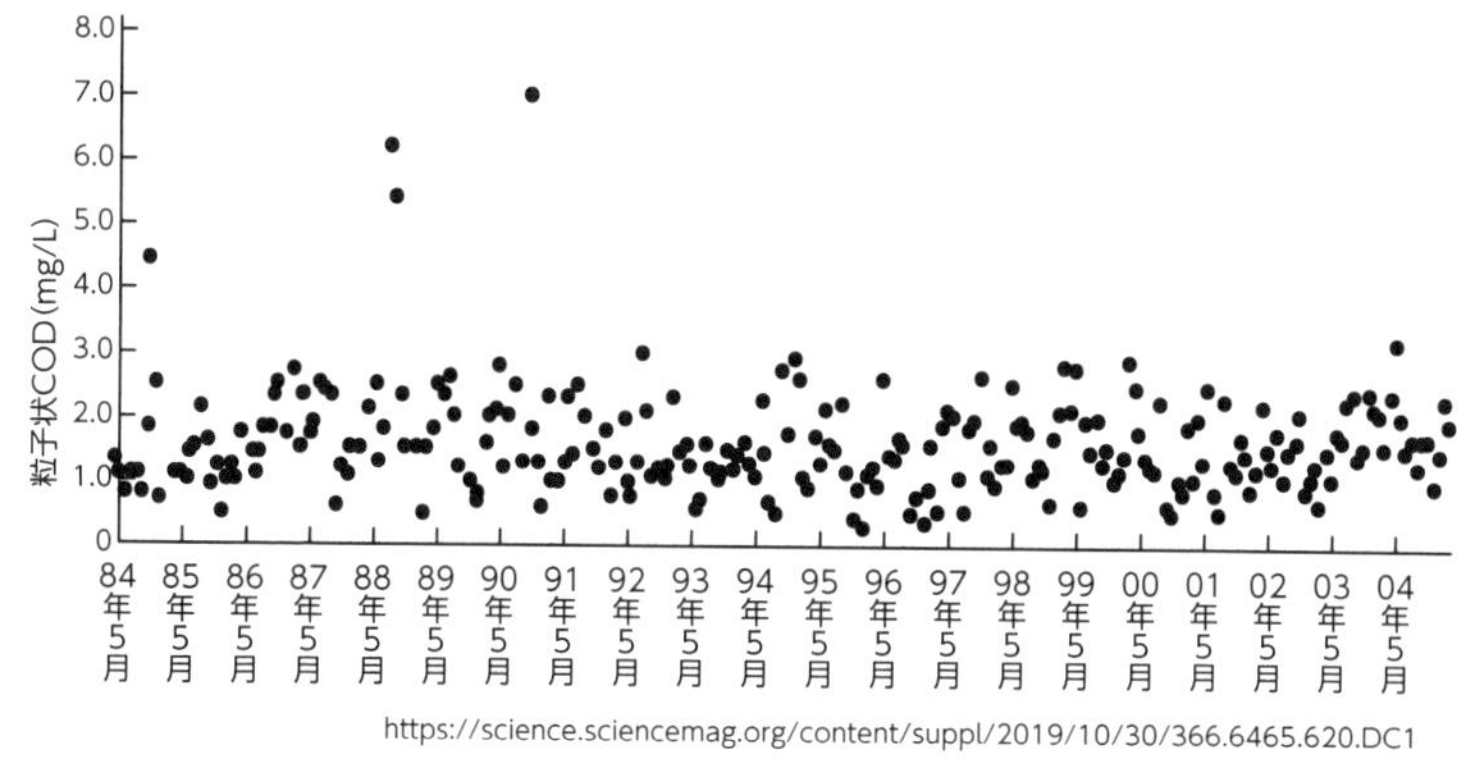

https://science.sciencemag.org/content/suppl/2019/10/30/366.6465.620.DC1

図4　宍道湖湖心部表層のCOD値

年5月から1993年4月までの平均値が1・73㎎／L（n＝103，SD＝1・02）だったのに対して、1993年5月から2005年4月までの平均値は1・53㎎／L（n＝144，SD＝0・61）で、有意差はないとの結果になった。つまり動物プランクトンのエサは減っていないのに、1993年5月のネオニコチノイド系殺虫剤使用開始のタイミングを境に激減していたことになる。やはりネオニコチノイドが怪しい。

ただし、これだけではまだ、宍道湖でウナギとワカサギが1993年以降に激減した原因を殺虫剤による餌生物の減少と断定できない。ウナギは動物プランクトンではなく底生動物を食べるからだ。底生動物は、ヤマトシジミ（二枚貝）のように水中に浮遊する粒子状の有機物を食べるタイプだけでなく、ミミズのように底土中の有機物を食べるタイプもいる。また、宍道湖では底生動物の生物量の大部分をシジミが占めるが、ウナギが食べるのはシジミではなく、エビなどの甲殻類やゴカイなどの多毛類だ。それらの動物もネオニコチノイド系殺虫剤の使用開始前後で激減したのか？　激減したとして、その原因は底土中の有機物の減少、つまり、底土の貧栄養化ではないと言えるのか？

底生動物のエサとなる底土中の有機物量も減っていなかった

そこで宍道湖の底土中の有機物濃度が、１９８０年代から現在に至るまでどのように変化したのか調べた。湖の底土の有機物濃度が過去から現在までどのように変わったかは、主に地学の研究者が調べている。ほとんどの研究は、対象水域の一番深いところ（＝波などの撹乱を受けにくい）の底土に表層を乱さないようにそっと円筒形の装置を突き刺し、そのまま抜き取って得られたサンプルを使う（次頁写真）。表層が現在積もった底土、下に行くほど過去に積もった底土で、いつ積もったかは放射性年代測定法という手法で推定する。

しかし、このサンプル内の有機物量をそのまま測っても過去と現在を比較することはできない。有機物は積もった時点から分解が始まり、新しい有機物は短い時間でたくさん分解され、有機物が古くなるほどその速度は遅くなる。このため、それぞれの時代ごとの分解速度を仮定して、積もった当時の有機物量を逆算する必要があるのだが、仮定の手掛かりとな

宍道湖の底土中の有機物濃度調査。（上）船上から上部に重りをつけたアクリルパイプを投下する。（下）採れた柱状の底土。積もってすぐの有機物に富んだ茶色い土が乱れずに採れており、船上で筒の下から押し上げて切り分ける。本研究では積もってすぐの底土だけを分析するので、上から1cm だけを使用した

る先行研究がなくこの方法は使えなかった。

そこで我々は宍道湖だからこそできた方法で、分解速度を仮定せずに過去から現在の変化を比較した。連載第1回で、著者が大学の卒論で、宍道湖の248箇所から泥を採ってどんな底生動物が何匹いるか調べたと書いた。実はこのときに、底生動物のエサとなりえる有機物の濃度も分析していた。1982年夏のことである。

そして学位取得後に就職して立ち上げた最初のプロジェクトで、宍道湖ではヤマトシジミを通じて窒素やリンがどのように循環しているのかを研究した。霞ヶ浦ではアオコが頻発するのに宍道湖で起こらないのは、シジミが植物プランクトンを食べて、そのシジミを漁師さんが湖から取り出すことで、水質浄化機能が作用していると考えたからだ。シジミの食べ残しの植物プランクトンは底土の有機物濃度を増やすので、このプロジェクトでは底土も分析した（さすがに20代の若さはなく、248箇所ではなく15箇所にとどめた）。それが1997年。そして次回に解説するように、宍道湖ではシジミを除く底生動物も激減していたため、エサが減ったかどうかを確認するために、1997年と同じ15箇所で底土の有機物濃度を分析した。不器用な著者が延々40年近く、宍道湖で研究を続けてきたからこそのケガの功名とも言える成果だ（図5）。宍道湖から均等に選んだ15箇所での**底土表層の有機物濃度は、1995年以降に激減してはおらず**、むしろ1997年がほかの年と比べて有意に低いとの結果になった。

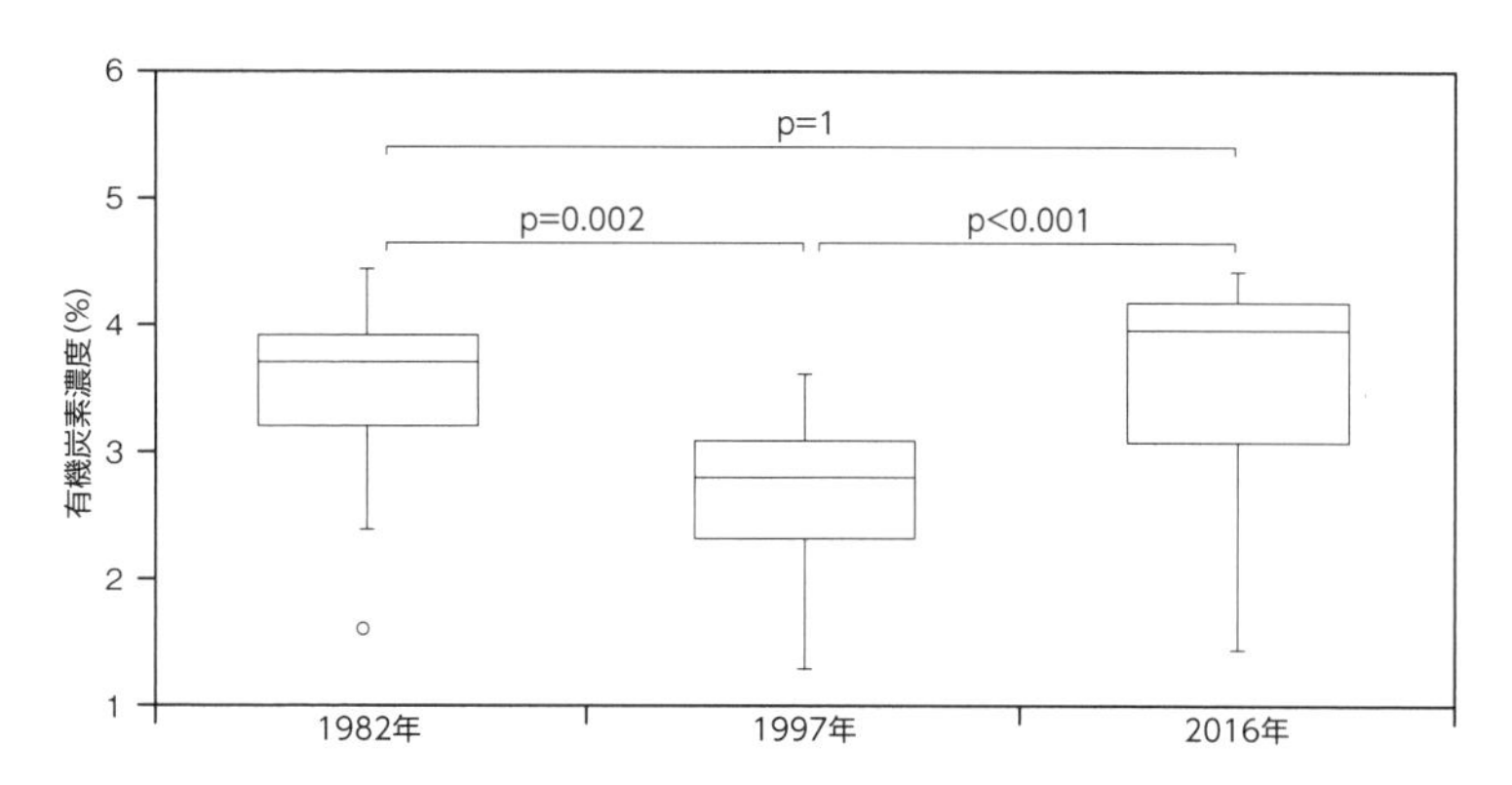

図5　宍道湖における過去30年間の表層堆積物中有機炭素濃度の増減

宍道湖15箇所の底土表層の有機物濃度の多重比較。○は外れ値と、エラーバーは最大値と最小値を示す。有意差はTuekey法を用いて検定した。

小室隆・田林雄・神谷宏・嵯峨友樹・加藤季晋・山室真澄（2018）宍道湖における過去30年間の表層堆積物中有機炭素濃度の増減。陸水学雑誌、79、161-168

以上の化学分析結果を踏まえ、次回は宍道湖の底生動物がネオニコチノイド系殺虫剤の使用開始前後でどのように変化したかを解説する。宍道湖では魚のエサになる動物プランクトンは汽水性のキスイヒゲナガミジンコ1種だったが、底生動物はシジミ（軟体動物）を除くと節足動物と環形動物で占められ、かつ汽水性のものと淡水性のものが混在している。このような底生動物の多様性から魚のエサが減った犯人が、さらに確からしくなっていく。

【用語】

有機物：ここでは生物が作り出す成分を指す。水辺の生態系では、現場の生きものたちが作り出すもの（生物の体そのものや、糞、死骸、分泌物ほか）と陸上から流れ込んでくるもの（土壌中に含まれる動植物由来のもの、下水・排水に含まれる人間由来のものなど）がある。

参考文献

1／西條八束（1998）．長良川河口堰における河川棲植物プランクトンの増殖と流量の関係について　応用生態工学 1(1),33-36

第4回

「動物プランクトン」「エビ類」「オオユスリカ」の同時期の激減

今回の要点

■ 宍道湖の底生動物の漁獲量の変化は、ヤマトシジミが90年代以降徐々に減少、エビ類は93年に激減していた。

■ 漁獲対象種以外の底生動物を調査した結果、オオユスリカ（アカムシ）をはじめとする節足動物はすべての種が減少していた。

■ とくにオオユスリカは1992年までは毎年大量発生していたが1993年4月以降の調査では突然生息が確認されなくなった。

■ これらの異変が起きたタイミングは、水田用ネオニコチノイド系殺虫剤が初めて使われた時期と一致している。

今回のテーマと前回までのおさらい

今回は、宍道湖においてネオニコチノイド系殺虫剤がウナギとワカサギが減少した原因である可能性をさらに追求していく。具体的に注目するのは、ウナギのエサを含む宍道湖の底生動物の状況だ。

前回までの内容では、まずワカサギの主なエサである動物プランクトンが宍道湖集水域でネオニコチノイド系殺虫剤が使用開始された1993年に激減し、それによってワカサギも激減した可能性を検証してきた。その際、まず動物プランクトンのエサとなる有機物については、1993年前後で変化はなかった。つまり動物プランクトンの減少がエサ不足のためではないことを確認した。

また、宍道湖ではウナギも1993年を境に漁獲量が激減したが、ウナギのエサは動物プランクトンではなく、エビ類やゴカイ類などの底生動物だ。その底生動物は湖底に積もる堆積物を食べる種類もいるので、堆積物の有機物濃度も調べた。すると1997年と2016年とでは、現在のほうが有意に増加していた。つまり、ウナギのエサとなるエビ類やゴカイ類のエサは減っていないのにウナギが減っており、そこにネオニコチノイド系殺虫剤の影響が疑われるのである。

徐々に漁獲量が減少したヤマトシジミ。１９９３年前後で漁獲量が急激に減少したエビ類

ネオニコチノイド系殺虫剤が宍道湖生態系に大きな影響を与えた可能性を最もよく示すのが、宍道湖の動物プランクトン量の経時変化だ（連載第2回、図6参照）。

水田用ネオニコチノイド系殺虫剤であるイミダクロプリドが宍道湖集水域で初めて使われた1993年5月に激減し、その後10年程度、回復することはなかった。このような毎月のデータが1980年代から今日まで揃っているのは、水温、塩分、溶存酸素、植物色素濃度など、水質に関する項目が主体で、宍道湖のように動物プランクトンの量が種別に毎月モニタリングされている水域は少ない。ましてや底生動物となると月1回、数地点でのモニタリングでさえ行なわれている水域はまれである。

まず底生動物のうち、漁獲対象になっている動物の漁獲量を調べた。漁獲対象であれば宍道湖の広い範囲で漁が行なわれるため、宍道湖全体での変動を反映していると考えられる。

宍道湖の底生動物の大部分は、実は漁獲対象種のヤマトシジミだ。1982年に行なわれた底生動物調査によれば、全底生動物の重量のうち、貝殻を除いてもヤマトシジミが97％と大部分を占める。その漁獲量は2006年までは徐々に減っていて（図1）、原因は2000年代前半までは価格が上がることで漁獲量を一定に保ち、それにより資源を維持し

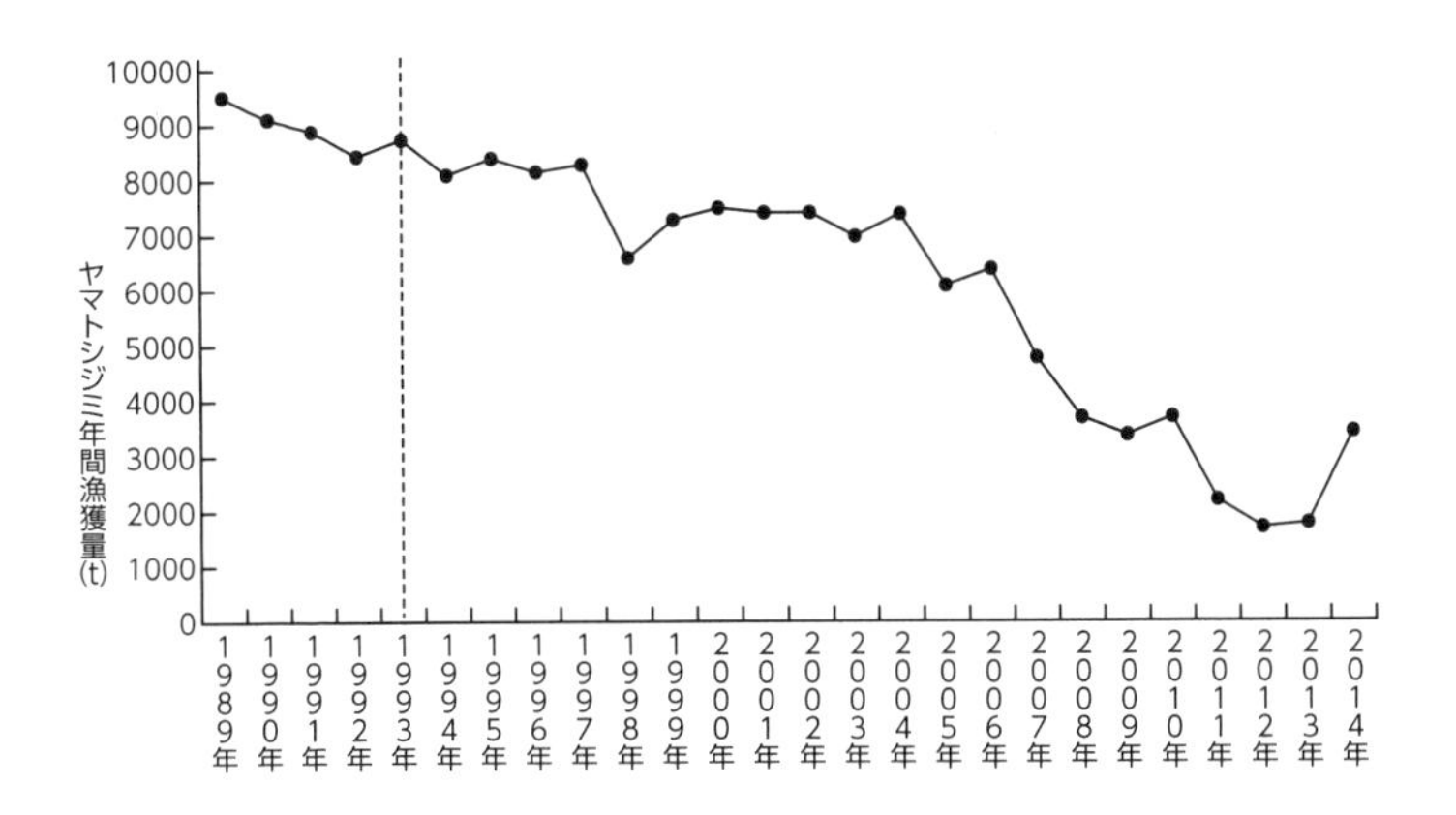

図1 宍道湖におけるヤマトシジミの年間漁獲量。点線はネオニコチノイド系殺虫剤が使用開始された年を示す。データは宍道湖漁業協同組合のホームページから入手した（http://shinjiko.jp/relays/download/?file=/files/libs/96/20150604091741688.xls）。

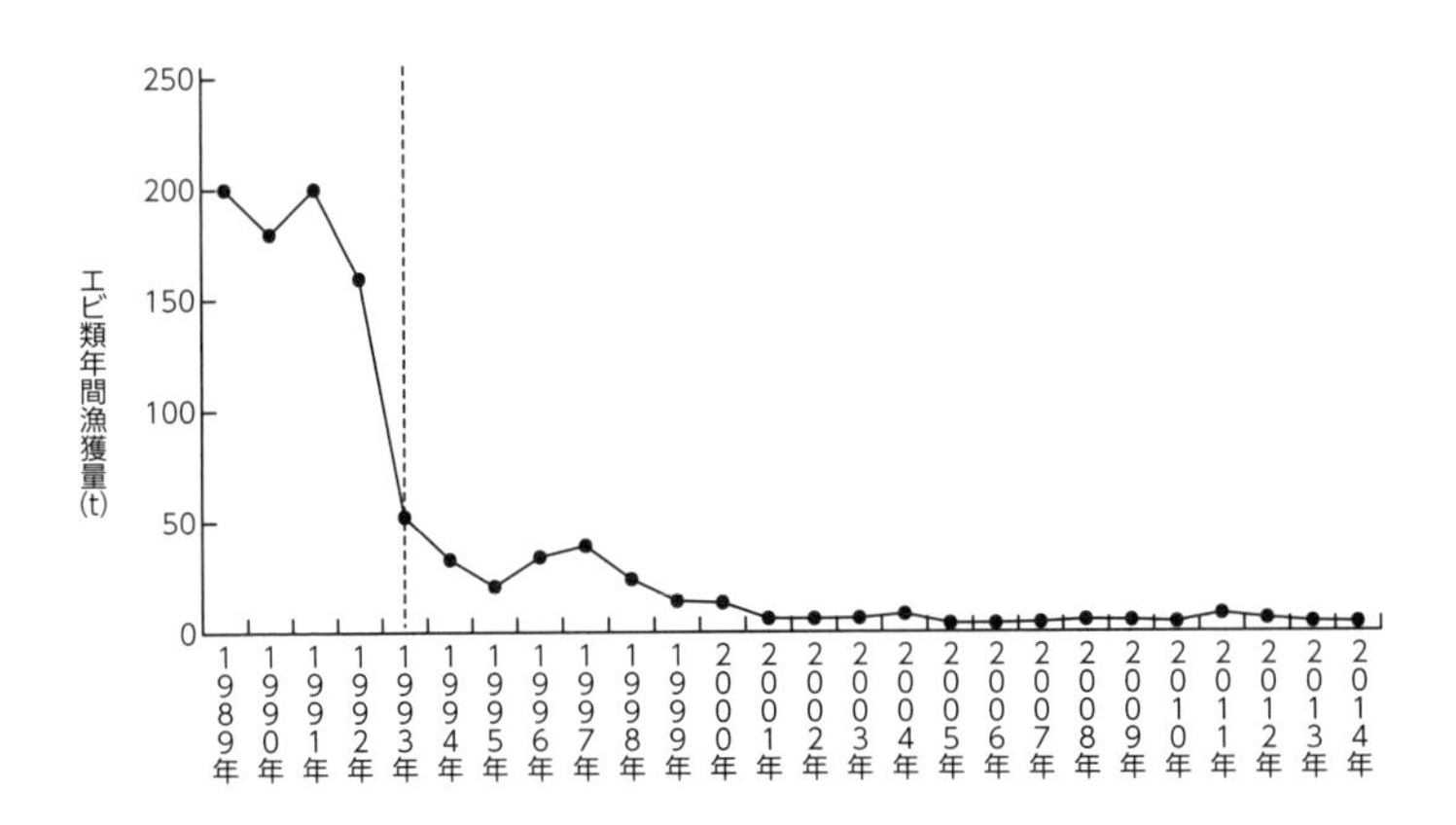

図2 宍道湖におけるエビ類の年間漁獲量。点線はネオニコチノイド系殺虫剤が使用開始された年を示す。データは宍道湖漁業協同組合のホームページから入手した（http://shinjiko.jp/relays/download/?file=/files/libs/96/20150604091741688.xls）。

つつ売り上げを維持してきたためとされる（高橋・森脇、２００９／※１）。２００６年以降２０１２年までは減少率が大きくなり、かつて1万トン近くとれていたのが１０００トン近くまでに落ち込んでいる。この原因はエサの質が変化したためであることが、我々の研究で明らかになった（山室ら、２０２０／※２）。

シジミの稚貝は成貝と異なり多価不飽和脂肪酸（ＤＨＡ、ＥＰＡなど）を体内で合成できないため、稚貝が成長するためにはエサを通じてこれらの成分を取り込む必要がある。宍道湖にも生息しているラン藻類という植物プランクトンは多価不飽和脂肪酸をもたないため、稚貝のころにラン藻類が長期間優占すると、うまく成長できない。宍道湖では塩分が低いとラン藻類が優占し、塩分が高いと多価不飽和脂肪酸を含む珪藻類が優占する。宍道湖の塩分は２０１３年に通常の2倍以上の高塩分になったが、この時は珪藻が優占し、漁獲量が増加に転じた。

一方、**節足動物であるエビ類の漁獲量はシジミ（軟体動物）と異なり、１９９３年に急減し、以後も回復せずに低レベルで推移**するという、動物プランクトンと酷似したパターンを示した（前頁図２）。「エビ類」とあるように複数種が混在しており、それらが淡水産か汽水産かは出典からは分からないが、いずれにしてもその落ち込みは極めて目立つ。

節足動物は種類にかかわらず個体数が減少。環形動物は低塩分を好む生き物が減少していた

シジミの漁獲量の推移から、水中に漂っている有機物を食べる動物は、低塩分だとエサの質が劣ることで生息量が増減することが分かった。塩分は浸透圧調節を通じて、動物が生息できるかどうかにも直接影響する。そこで本来どの塩分に棲むのかと何を食べるのかを考慮して、漁獲対象種以外の底生動物の変化を見てみよう。

著者は大学の卒業研究で、1982年夏季に宍道湖の248地点から採取された堆積物を用いて、どのような底生動物がどれくらい生息しているのか調査した。宍道湖は西岸から淡水が、東岸から高塩分水が流入する（P63図3）。

先述のように汽水域の底生動物は塩分の影響を強く受けるので、1982年の調査地点の中から東西岸の合計39地点を選び、2016年8月4日と5日に採泥を行なった。選定した39地点については1982年の結果を用いて、たとえば淡水に多い底生動物は西部に多く、東部に少ない状況が充分把握できることを確認した。表1には1982年と2016年の結果に加え、本来生息している塩分と食性も示した。ここでの「低塩分」は宍道湖の通常の塩分、「高塩分」は海側に隣接する中海の通常の塩分が主な生息塩分域であることを示す。

節足動物はネオニコチノイド系殺虫剤が使用される以前の1982年と比べて、使用開始

後の2016年は、塩分・食性にかかわらずすべての種で大幅に減少していた。特に昆虫類のオオユスリカは全く採集されなかった。後述するように、オオユスリカは1990年代初めまでは、大量に羽化した成虫が道路につもってスリップが起きるなど、周辺住民にとって迷惑害虫となるほど大量に生息していた。ユスリカ類は釣りエサにするアカムシのことで、その幼虫が底生動物として堆積物中で過ごす。羽化する際に湖底から浮上するオオユスリカの幼虫は、ワカサギにとって重要なエサでもあった。

ウナギのエサは先述のエビ類を含む甲殻類やゴカイなどの環形動物だが、**環形動物は食性にかかわらず、高塩分に生息する種類は2016年のほうが多く、低塩分種は少なかった。高塩分種は幼生が中海から供給されるが、低塩分種は宍道湖内で生活史が完結する。**

これらの結果から、宍道湖では魚のエサとなる底生動物も一部が大幅に減少しており、昆虫を含む節足動物は塩分にかかわらず減少していた。そしてエビ類漁獲量の経年変化から、減少原因が発生したのは1993年と推定される。また節足動物以外の底生動物では、軟体動物のシジミには影響は見られなかったものの、環形動物では食性にかかわらず淡水から宍道湖内で生活史が完結する動物が減っていた。水田で使用され、淡水流入河川から供給されるネオニコチノイド系殺虫剤が原因であれば、底生動物のこのような変動をうまく説明できる。もしこの減少が1993年の田植え期（＝ネオニコチノイド系殺虫剤が初めて使われたとき）ごろに起こっていたことが特定できれば、底生動物の減少もネオニコチノイド系殺虫

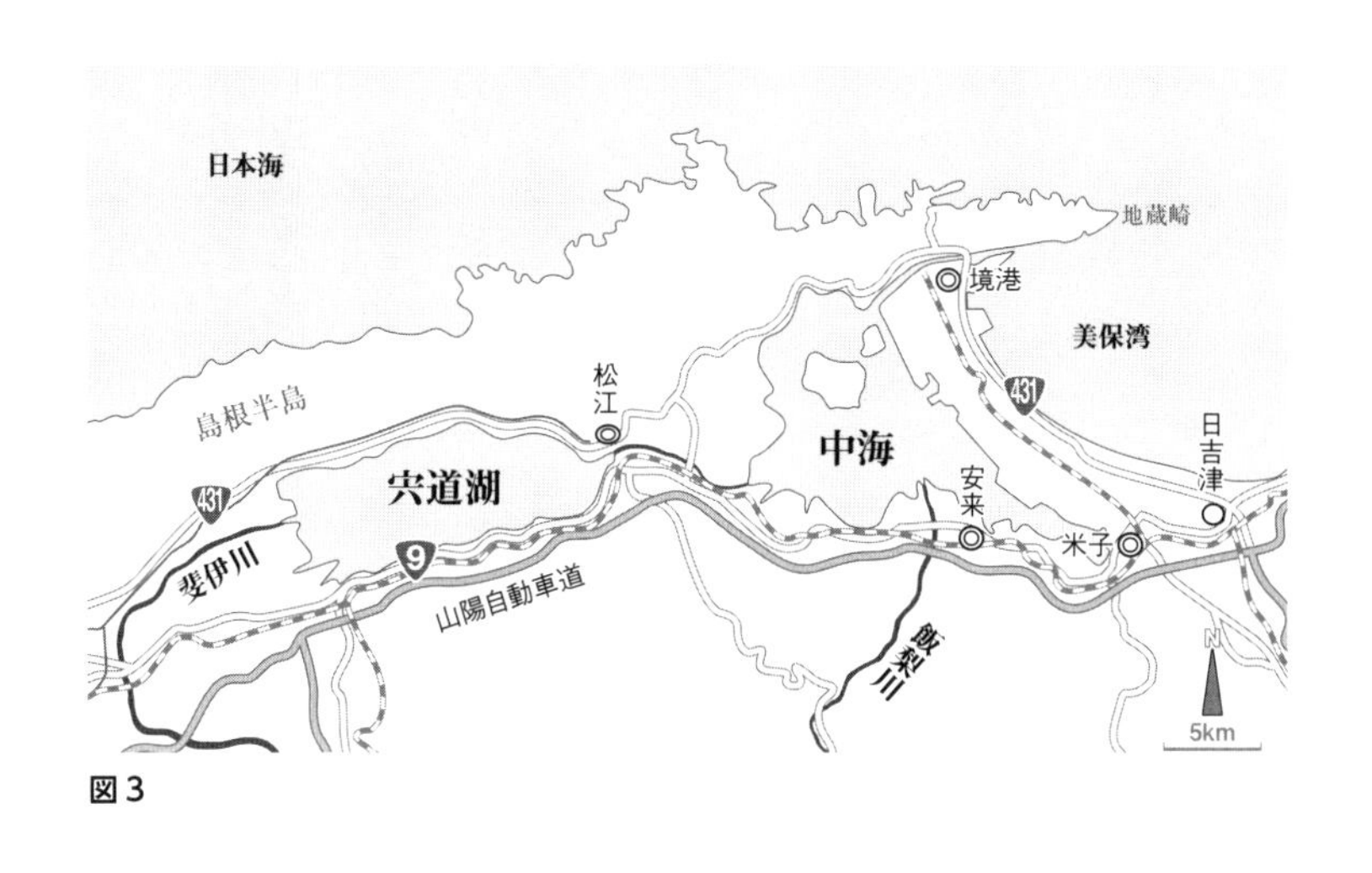

図3

動物名	1982年	2016年	塩分	食性
節足動物				
オオユスリカ	121	0.0	淡水	懸濁物食
Tanypodinae 亜科ユスリカ類	125	19	低塩分	肉食
ムロミスナウミナナフシ	30	0.2	高塩分	肉食・腐肉食?
環形動物				
ヤマトスピオ	88	131	高塩分	懸濁物食
イトゴカイ科の１種	101	0.4	低塩分	堆積物食
ヒガタケヤリムシ	4.2	12	高塩分	懸濁物食
カワゴカイ属の１種	5.1	2.6	低塩分	雑食
貧毛類	188	14	淡水	堆積物食

表1　1982年と2016年夏に同地点で採集した底生動物の生息密度（単位：個体数/m²）

剤が原因である可能性が高くなる。

オオユスリカの激減も宍道湖の生物減少時期と一致。日本各地で同時多発的に発生

先述のようにオオユスリカは迷惑害虫とみなされているため、1990年代までの宍道湖では国土交通省出雲河川事務所によって、宍道湖湖心での底生動物定期調査に加え、1990〜1992年にはユスリカ類幼虫に特化した底生動物調査が行なわれていた。また1993年以降は湖心を含む5地点で底生動物調査が行なわれていた。これらの資料から、宍道湖では1992年までは住民から苦情が出るほどオオユスリカが生息していたが、1993年4月以降の調査で突然生息しなくなり、その後1998年と1999年には1992年以前程度の密度でオオユスリカの生息が見られた地点もあったが、2000年以降は出現しても痕跡的な状態で今日に至っていることが分かった（Yamamuro ほか、2019／※3）。つまり、ネオニコチノイド系殺虫剤がますます怪しくなってきた。

オオユスリカの激減は、かつてユスリカの大発生で住民から苦情が出ていた他の富栄養化湖沼でも生じている。1987・1988年を除く1982年から1990年まで春・夏・冬に長野県の諏訪湖湖心で行なわれた調査では、オオユスリカ幼虫の年間平均密度は1㎡当たり269個体（1989年）から3422個体（1984年）の範囲だった（平林公男ほ

か、1991／※4）。また1991年に湖心を含む諏訪湖の68地点で行なわれた調査では、オオユスリカ幼虫の密度は1㎡当たり251個体以上だった（Nakazato ほか、1998／※5）。

しかし2001年に諏訪湖で500m四方ごとの60地点で行なわれた調査では、オオユスリカ幼虫の平均密度は1㎡当たり3・2個体で、最も多くいた地点でも1㎡当たり59・3個体だった。また湖心部では全く採取されなかった（Hirabayashi ほか、2003／※6）。以上から諏訪湖では1992年から2000年の間にオオユスリカ幼虫の減少が起こっており、宍道湖で減少が起こった1993年と一致する。

琵琶湖では1977年から1992年までオオユスリカの羽化が春と秋に確認されていた（高木・岡本、1993／※7）。しかし1996年にオオユスリカの羽化数が激減し、翌年からはほとんど確認されなくなった（新田ほか、2007／※8）。

稲作国日本ではネオニコチノイド系殺虫剤が農地から河川へ直接流出？

オオユスリカは北半球に広く分布しており、さまざまな研究がなされている（Hölker ほか、2015／※9）。オオユスリカの幼虫は酸欠に極めて強く、メタンが発生するような嫌気的環境にも生息するほど強靭な底生動物だ（Jones. and Grey、2011／※10）。このオオユスリカが広範囲に複数の湖沼でほぼ同時期に衰退したという報告は、信頼性が高い科学論文には存在しない。つまりオオユスリカの激減は日本の平野部の湖沼限定で起こっていた。なぜか？　信頼性の高い科学論文を輩出する先進国の中で、主食が米なのは日本だけ。だから田んぼにまかれたネオニコチノイド系殺虫剤が、川や湖に直接流れていく先進国も日本だけ。小麦が主食の日本以外の先進国では、まかれたネオニコチノイド系殺虫剤が流出する先は地下水だ。著者が世界に先駆けて、ネオニコチノイド系殺虫剤が餌生物（＝主に節足動物）を殺すことで魚を減らすと警鐘できたのは、日本が先進国の中で唯一、ネオニコチノイド系殺虫剤が農地から河川や湖沼に直接流出してしまう、稲作国だったからだ。

ではなぜ、多くの湖沼で迷惑害虫だったオオユスリカが突然発生しなくなった時点で、誰も殺虫剤の影響を考えなかったのだろう？　迷惑な現象が発生しなくなることは全くニュースバリューがなく、報道されることはない。このため、複数の湖沼でほぼ同時期に起こっていたことに当時は気づけなかったと思われる。

どうすれば異常に気付けていたか

さらには、ユスリカ類がいなくなるのは悪化した水質が改善されたことが原因との思考が、学校教育を通じてすり込まれていた可能性もある。表2は環境省のホームページ「全国水生

オオユスリカの成虫。各地の水辺に棲む水生昆虫で、幼虫はアカムシとして釣りにも使用される

（撮影：刈田敏三）

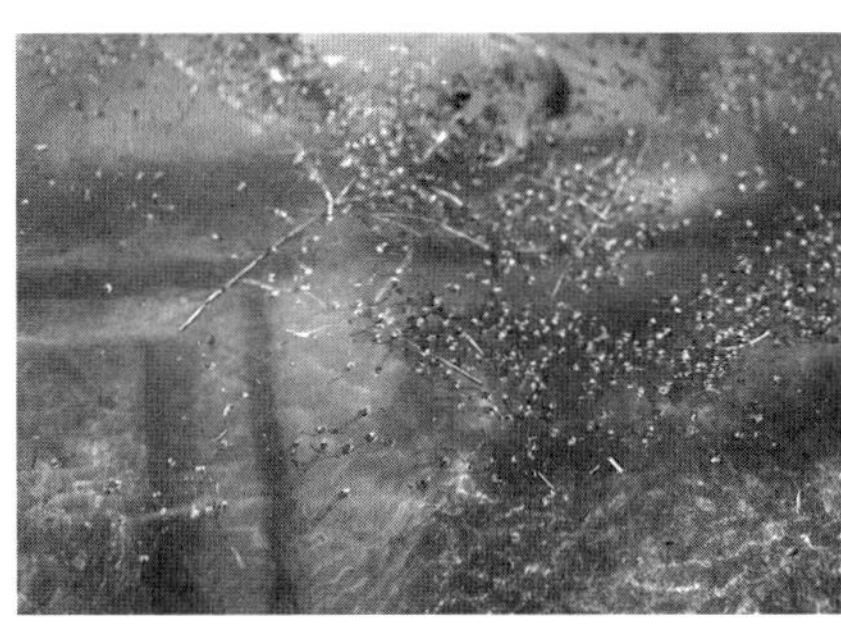

オオユスリカの羽化のあと、水辺に残る無数の抜け殻（写真は関東の渡良瀬遊水地）。地域により大発生が見られなくなった場所では、ネオニコ系農薬の影響があるかもしれない（撮影：刈田敏三）

水質階級	種類数	指標生物
水質階級Ⅰ（きれいな水）	10種類	アミカ類、ナミウズムシ、カワゲラ類、サワガニ、ナガレトビケラ類、ヒラタカゲロウ類、ブユ類、ヘビトンボ、ヤマトビケラ類、ヨコエビ類
水質階級Ⅱ（ややきれいな水）	8種類	イシマキガイ、オオシマトビケラ、カワニナ類、ゲンジボタル、コオニヤンマ、コガタシマトビケラ類、ヒラタドロムシ類、ヤマトシジミ
水質階級Ⅲ（きたない水）	6種類	イソコツブムシ類、タニシ類、ニホンドロソコエビ、シマイシビル、ミズカマキリ、ミズムシ
水質階級Ⅳ（とてもきたない水）	5種類	アメリカザリガニ、エラミミズ、サカマキガイ、ユスリカ類、チョウバエ類

表2　水質階級と指標生物の関係

出典：https://water-pub.env.go.jp/water-pub/mizu- site/mizu/suisei/about/way/text1a.html

生物調査のページ」の「指標生物」に掲載されていたものである。このホームページでは指標生物について、「水生生物の中でも、とくに、カゲロウやサワガニなど、川底に住んでいる生きものは、水のきれいさのていど（水質）を反映しています。したがって、どのような生きものが住んでいるか調べることによって、その地点の水質を知ることができます。」と解説している。漢字をあまり使っていないことから、この解説は若年齢層を対象にしているのだろう。

小学校の総合学習などでこの表を使った教育を受けた世代は、ユスリカ類がいない水域が健全（＝水質がよい）なのだと思ってしまい、その印象を持ったまま成人するのだろう。指標生物は、現行課程では中学理科第二分野、２０１１年までの旧課程では高校基礎生物の教科書で解説されることが多かったが、２０１４・２０１５年度に、主として大学１年生を対象に行なわれたアンケートによれば、現場での指標生物調査を経験したことのある学生の７〜８割は小学校で履修していた（浦部ほか、２０１８／※11）。

多くの地域で行なわれる指標生物調査の結果が記録され、全国でまとめられていたら、農薬が流入する平野部の湖沼でオオユスリカが減っていたことに我々はすぐに気づけたかもしれない。そうでなくても、子どもたちの大部分が幼少から釣りに親しんでいたら、多くの魚が好んで食べるアカムシがいなくなったことの重大さに即座に気づき、親に伝えていただろう。総合学習が子どもたちの生きる力や総合力を育てるためのものならば、獲物がどのような場所で休み、いつごろ活発に動き回り、何を食べているのかを総合的に判断する能力が必要な釣りこそ、最適なアイテムだろう。釣った魚を家庭科と連動して調理し昼食にできれば、サバイバル学習にもつながるだろう。

次回は宍道湖でのワカサギとウナギの漁獲量を提示し、現在まで続く不漁の原因がネオニコチノイド系殺虫剤以外は考えられないとした根拠をさらに解説する。

参考／引用文献

1／高橋正治・森脇晋平（2009）宍道湖におけるシジミ漁業の漁業管理制度．島根県水産技術センター研究報告，2，23-29

2／山室真澄 編著 (2020) 豊かな内水面水産資源の復活のために －宍道湖からの提言－．生物研究社，65-71pp. 宍道湖におけるヤマトシジミなどが含有する脂肪酸に関する研究［島根県保健環境科学研究所］

3／Yamamuro, M., Komuro, T., Kamiya, H., Kato, T., Hasegawa,H., Kameda, Y. (2019) Neonicotinoids disrupt aquatic food webs and decrease fishery yields, *Science* 366, 620–623,

4／平林公男・中里亮治・那須裕・沖野外輝夫・村山忍三 (1991) ユスリカ研究の現状と諏訪湖　ユスリカ対策研究をめぐる諸問題．環境科学年報（信州大学），13, 5-20.

5／Nakazato, R., Hirabayashi, K., Okino, T. (1998) Abundance and seasonal trend of dominant chironomid adults and horizontal distribution of larvae in eutrophic Lake Suwa, Japan. *Japanese Journal of Limnology*, 59, 443–455.

6／Hirabayashi, K., Hanazato, T., Nakamoto, N. (2003) Population dynamics of *Prospilocerus akamusi* and *Chironomus plumosus* (Diptera: Chironomnidae) in Lake Suwa in relation to changes in the lake's environment. *Hydrobiologia*, 506/509, 381–388

7／高木治美・岡本陸奥夫 (1993) 琵琶湖南湖におけるユスリカ成虫発生の経年変化．日本水処理生物学会誌，29(2), 31-39

8／新田紳一朗・荒木真・山中賢治・高木治美（2007）琵琶湖南湖沿岸部におけるユスリカ成虫飛来の経年変化．日本陸水学会第 72 回大会水戸大会要旨集，3D5，DOI: 10.14903/jslim.72.0.113.0

9／Hölker, F., Vanni, M. J., Kuiper, J. J. 他 11 名 (2015) Tube-dwelling invertebrates: tiny ecosystem engineers have large effects in lake ecosystems. *Ecological Monographs*, 85, 333–351.

10／Jones, R. I. and Grey, J. (2011) Biogenic methane in freshwater food webs. *Freshwater Biology*, 56, 213–229.

11／浦部美佐子・石川俊之・片野泉・石田裕子・野崎健太郎・吉富友恭 (2018) 大学生アンケートによる水質指標生物の教育効果の検討．陸水学雑誌，79, 1-18.

第5回

容疑者をネオニコチノイド系殺虫剤に絞り込んだ根拠

今回の要点

■ ネオニコチノイド系殺虫剤が使用開始された1993年にワカサギとウナギは激減したが、シラウオは減少していない。著者はそのエサとなる生物（動物プランクトン、ユスリカ、底生動物）がネオニコによって減少したためだと考えている。

■ 一部の魚類のみの急激な減少は湖岸改修や農地整備の結果とは考えにくい。また、汽水の宍道湖にはブラックバスなどの魚食性外来魚は定着していない。

■ 本研究で実際に宍道湖の湖水を調査した結果、ネオニコチノイド系殺虫剤の成分が検出された。その濃度と、推定された1993年当時の濃度は、ワカサギやウナギがエサとしている生物が影響を受ける可能性が高いものだった。

魚への危険性が低くても節足動物にとっては致命的なネオニコチノイド系殺虫剤

今回はいよいよ、宍道湖でワカサギとウナギの漁獲量が急減した原因はネオニコチノイド系殺虫剤によるエサの減少以外考えられない理由を解説する。その前に、前回までの主な内容をざっと復習してみよう。

ネオニコチノイドと呼ばれる化学物質は、人間にも毒であるニコチン同様、神経伝達物質のアセチルコリンのふりをして神経細胞に結合し、正常な神経伝達を阻害することで昆虫を死に至らしめる。ニコチンとは構造が異なることから、脊椎動物よりも節足動物(昆虫が含まれる)に対して選択的に毒性が及ぶとされる。また水溶性なので、ネオニコチノイドを含む動植物を食べても尿として排出されるため、食物連鎖の上位にいるマグロに水銀が蓄積するような生物濃縮はない。その使い勝手のよさからイミダクロプリド、アセタミプリド、クロチアニジンなどさまざまな成分が開発されている。

しかしそんなネオニコチノイド系殺虫剤が散布されたことで、オランダでは昆虫が減ってそれをエサにしていた鳥も減少したと報告されていた(第1回)。同様に宍道湖では、ネオニコチノイド系殺虫剤が初めて水田で散布された1993年5月を境に、ワカサギの重要なエサである動物プランクトン(=節足動物)が激減していた(第2回)。

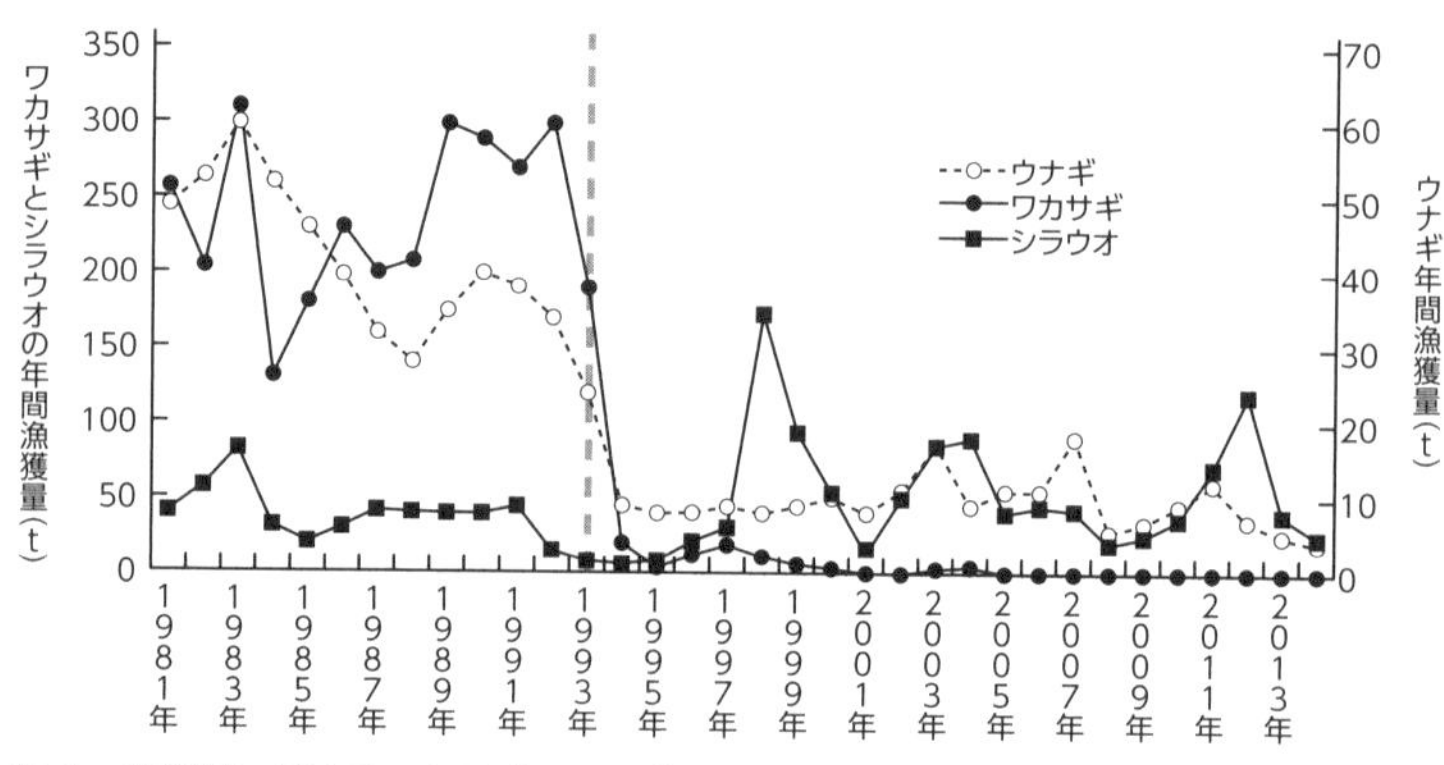

図1　宍道湖におけるワカサギ・ウナギ・シラウオの年間漁獲量。点線は宍道湖集水域でネオニコチノイド系殺虫剤の使用が始まった年を示す。データは宍道湖漁業協同組合のホームページから入手した（http://shinjiko.jp/relays/download/?file=/files/libs/96/20150604091741688.xls）。

動物プランクトンの減少はエサとなる有機物が減ることでも生じる。そのような有機物の減少は「貧栄養化」と呼ばれ、日本の一部の水域で漁獲量減少の原因とされていた。しかし宍道湖では水中の有機物は減少していなかった。またアカムシやゴカイなどの底生動物のエサとなる底泥の有機物も減少していなかった（第3回）。そしてウナギのエサとなる底生動物のうち、節足動物である昆虫や甲殻類が目立って減っていた。エビ類（＝甲殻類）の漁獲量も、1993年を境に激減していた（第4回）。

そして図1が、宍道湖におけるワカサギ、シラウオ、ウナギの年間漁獲量の推移である。**ワカサギとウナギは**第2回で示した動物プランクトンや、第4回で示したエビ類の漁獲量同様、**ネオニコチノイド系殺虫剤が使用開始された1993年を境に激減している。**

ここでポイントとなるのは、シラウオは有意な減少を示していないことだ。酸欠、塩分の変動、湖岸の改変などが原因であれば、シラウオだけに影響しないはずはない。シラウオとワカサギ・ウナギの大きな違いは、シラウオは生活史の初期に主に植物プランクトンを食べていることだ。つまりワカサギ・ウナギと違って、貧栄養化していない宍道湖ではシラウオのエサは減っていない。この点も念頭に、まずはワカサギとウナギがネオニコチノイド系殺虫剤によるエサ不足以外の原因で減った可能性があるのかを検討していこう。

湖岸改変や農地整備の影響は考えにくい

第3回で水中の有機物量が1993年前後で変化していないことを示したが、Science誌に掲載された論文では宍道湖湖心部の表層水の塩分と底層水の溶存酸素濃度についても統計的有意差を検討し、1993年前後で差がないことを示した（Yamamuro et al. 2019／※1）。また、1993年前後に宍道湖の湖岸が人工的な改変を受けた事実もない。もともと宍道湖は人工湖岸率が70％と高かったことから、2000年の鳥取西部地震による宍道湖湖岸緊急災害復旧工事に伴って、護岸の緩傾斜化と消波堤を造成するヨシ植栽を行なう湖岸整備が行なわれた（上田、2007／※2）。しかしその影響はワカサギやウナギの漁獲量には全く表われていない。

川での釣り対象となる魚のなかには、農地基盤整備の影響があるそうだ。淡水河川にも遡上するウナギにはその影響があるのかもしれないが、1993年を境に劇的にウナギが減少してしまうような広範な整備が、わずか1年で急速に進んだ可能性は極めて低いだろう。またウナギよりも減少が激しいワカサギは淡水河川まで遡上しないうえに、整備により宍道湖の水質が変わったという事実もない。宍道湖集水域の農地で整備が行なわれていたとしても、その影響はワカサギの減少とは無関係だ。

漁獲量をもとに資源量を推定。60年代と90年代で変化は？

なお、漁獲量では実態を反映していない、単位努力量当たり漁獲量（Catch Per Unit Effort, CPUE／P85用語参照）で比較すべきとの指摘については、もしも自分が漁師だとして、ある年の冬に突然ワカサギが全く入らず、翌年の夏に眺めていても魚影が全く認められず、それでも諦めずに網を張っても全然入らなかったら、3年目もまた網を張る気になるか考えてほしい。網を張るには燃料代もかかり、引き上げてから洗浄する労力もかかる。いないことが分かっている資源に対して、何年も網を張り続けるだろうか。つまり漁獲努力が減ったから漁獲量が減るとの一般論は、今回のケースには当てはまらない。資源が徹底的に枯渇した場合、それが原因となって漁獲努力がなくなるのだ。

そこで我々は、1993年を境に、漁獲努力は変化せず資源だけが急に消滅したことを示す指標として、ネオニコチノイド使用前後での資源量を比較した。宍道湖ではかつて淡水化事業が進められていて、その影響評価のために1960年代に2年間にわたって魚類調査が行なわれ、資源量が推定されていた。我々はネオニコチノイドが宍道湖集水域で使用された2年後の1995年と1996年にたまたま魚類調査を行なっていたのだが、その当時使用されていた定置網の規格や数は1960年代とほぼ同じであることを確認した。そのうえで1960年代に用いられた換算値を使って、漁獲量から資源量を計算した。その結果、ワカサギの資源量は1960年代が908トンだったのに対し、1995・1996年は27トンと激減していた。これに対し魚食魚のスズキは60年代が792トンで90年代が784トン、デトリタス食のコノシロは60年代が9トンで90年代が868トンと減少傾向はなかった(Ishitobi et al. 2000/※3)。

さらに我々は放流量を調べた。漁業権を許された漁業協同組合は、放流や産卵場所の造成など、魚を増やすことが義務づけられている。宍道湖漁業協同組合によるシラスウナギとワカサギ卵の放流量を調べたところ、ワカサギ資源量を維持する努力は1991年から1995年までは同程度に行なわれ、ウナギについては1993年以前より以後のほうが、むしろ増えていた(次頁図2)。以上により、漁獲努力が減ったからワカサギ・ウナギの漁獲量が減った可能性は棄却される。

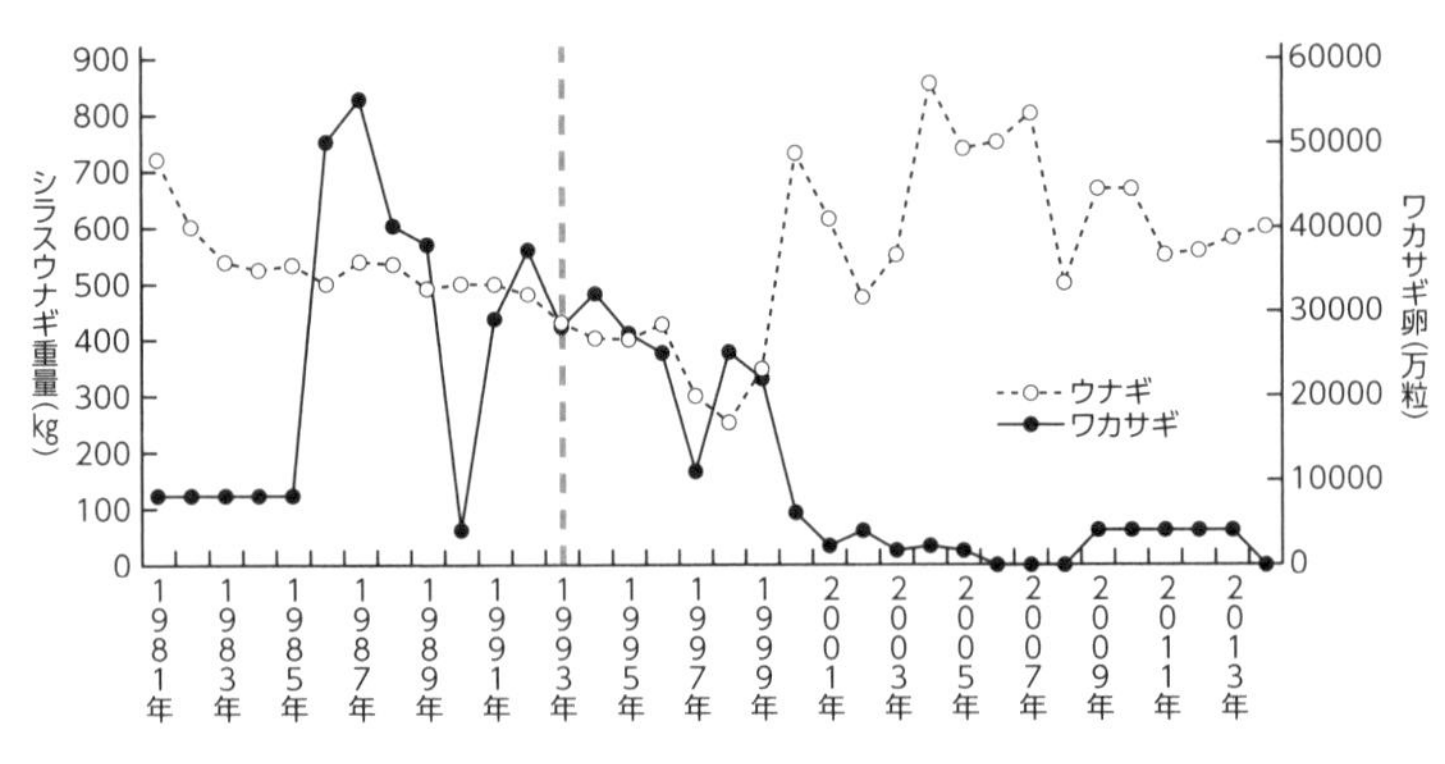

図2　宍道湖漁業協同組合によるシラスウナギとワカサギ卵の年間放流量。データは宍道湖漁業協同組合から提供いただいた。

汽水の宍道湖には魚食性外来魚はいない

このほかに、日本の湖沼で漁獲量が減る原因として学術論文などで近年主張されているのは、貧栄養化と魚食性外来魚の影響だ。このうち貧栄養化については、宍道湖では起こっていないことをすでに解説した。魚食性外来魚については、日本に導入された魚食性外来魚はすべて淡水性なので、汽水湖である宍道湖での影響は皆無だ。そもそも、魚食性外来魚が日本の湖沼での漁獲量を減らしたと指摘した科学論文（Matsuzaki and Kadoya、２０１５／※４）は、解析した23湖沼のほぼ半分が汽水湖で、魚食性外来魚の影響はない。さらには、日本では内水面漁獲量の約半分を、汽水湖沼で漁獲されるシジミが占めている。つまり魚食性外来魚が影響しない湖沼を半分含めて統計にかけ、かつ、主な漁獲対象物が影響を受けない魚食性魚類による捕食が、日本の内水面湖沼での漁獲量を減らした原因だと主張しているのだ。

この論文は統計だけ使って結論を導いているが、実態を知らずに数字だけを操作したものと言わざるを得ず、それにもかかわらず、日本の実態を知りようがない海外の学会誌で掲載されてしまった典型例と言える。

実際、宍道湖にはネオニコが流入していたのか？

ここまで、ネオニコチノイド系殺虫剤による餌生物の減少以外の要因が、1993年を境とするワカサギとウナギの激減をもたらした可能性を検討し、該当するものがないことを確認した。次に、1993年5月以降に宍道湖に流入するようになったネオニコチノイド系殺虫剤が、餌生物を激減させるに充分な濃度だったのかを検討する。

まず1993年当時もだが、現在でも宍道湖ではネオニコチノイド系殺虫剤の濃度が定期的にモニタリングされてはいない。宍道湖だけでなく全国の公共用水域でのモニタリング項目に、ネオニコチノイド系殺虫剤は含まれていない。このため、1992年11月に初めて農薬登録されたネオニコチノイド系殺虫剤が、その翌年以降にどれくらいの濃度で環境水に存在したのか、データで証明することは難しい。著者は、日本の学術文献検索ツールである

CiNiiを使って1999年までの「ネオニコチノイド」を含む論文を検索したところ15件ヒットしたが、環境水中濃度に関する報告は1件もなかった。日本の環境水中のネオニコチノイド濃度を最初に報告したのが直井・鎌田（2011／※5）で、その次が佐藤ほか（2016／※6）であることが分かった。ネオニコチノイドは水溶性なので、ダイオキシンなどと違って過去の堆積物から濃度を推定することもできない。つまり、これらの報告から当時の環境水中のネオニコチノイド濃度情報を得るしかない。

神奈川の河川での調査ではネオニコが検出されている

直井・鎌田（2011）は農業用水に用いられている神奈川県の鶴見川の6箇所で2009年5月4日〜12月21日まで週1回の頻度で採水し、国内で使用されているネオニコチノイド系殺虫剤7種のうち、3種のみ分析を行なっている。**その結果、田植え後にまかれた殺虫剤が流出する6月に濃度のピークがあり**、検出最大濃度はイミダクロプリドが0.418μg／L、アセタミプリドが0.062μg／L、チアクロプリドが0.181μg／Lだった（μg／Lは濃度の単位。P85用語参照）。

佐藤ほか（2016）は神奈川県の相模川水系で2014年4月下旬から2015年3月中旬にかけて11ヵ所の採水地点で各21回の採水を実施し、流通している7種のネオニコチノイドすべてを対象に分析を行なっている。各地点で春季から夏季は1~2週間に1回、秋季から冬季には月1回の頻度で採水。降雨がもたらす影響の把握のため、雨天時でも採水を実施している。その結果、農薬適用時期に濃度が上がる傾向があり、加えて、**多くの採水地点で降雨後の河川水位が上昇しているときに高い濃度で検出される傾向がみられた。**特にイミダクロプリドとクロチアニジンは、早朝からの雨によって河川水位が上昇していた6月12日に検出濃度の最大値である0・104μg/Lと0・085μg/Lを示した。そしてイミダクロプリドの最大値は、農業用水である鶴見川の4分の1程度の値だった。

田植え後の宍道湖でもネオニコが検出された

以上の報告は、宍道湖集水域の水田で初めてイミダクロプリドというネオニコチノイド系殺虫剤が使用された1993年5月に、動物プランクトンが突然激減した事実と矛盾しない。水田にまかれたネオニコチノイドは降雨時に河川に流出し、宍道湖に達するのだ。そこで我々は田植え前後での宍道湖の水質を分析した(P81図3、図4)。図3中のS7、ST、SA地点から、4月は田植え前、5月は田植え後、6月のST地点とSA地点は降雨が2日間続いた後に採水した。

田植え後の5月の採水では、降雨による流入の影響がなかったにもかかわらず、**総ネオニ**

コチノイド濃度（検出された4種類の成分の合計）は湖内全域の水質を代表するS7地点で0・024μg/L、流入河川の影響を受けるST地点で0・023μg/Lだった。S7地点で最も濃度が高かった成分はイミダクロプリドで、0・014μg/Lだった。

6月はST・SAの2地点で降雨後に採水を行なっており、流入河川からの影響を受けるST地点では総ネオニコチノイド濃度約0・07μg/Lと3回の採水で最も高い濃度を示した。船着き場内で岸壁に囲まれたSA地点でも同様に最高値を示した。**降雨がなかった5月と降雨後の6月で比較するとST地点で3倍、SA地点で21倍に達していた。**

次に、宍道湖集水域で5月に降雨があった場合、宍道湖全体での濃度がどれくらいになるかを推定する。先述のように降雨の有無で濃度は大きく変わった。佐藤ほか（2016）でも降雨によるネオニコチノイド濃度の上昇を確認しており、特にイミダクロプリドの濃度は、降雨前後で8〜10倍増加していた。**仮にS7地点での濃度が降雨時には10倍になるとすれば、総ネオニコチノイド濃度は0・24μg/L、そのうちイミダクロプリドは0・14μg/Lとなる。**

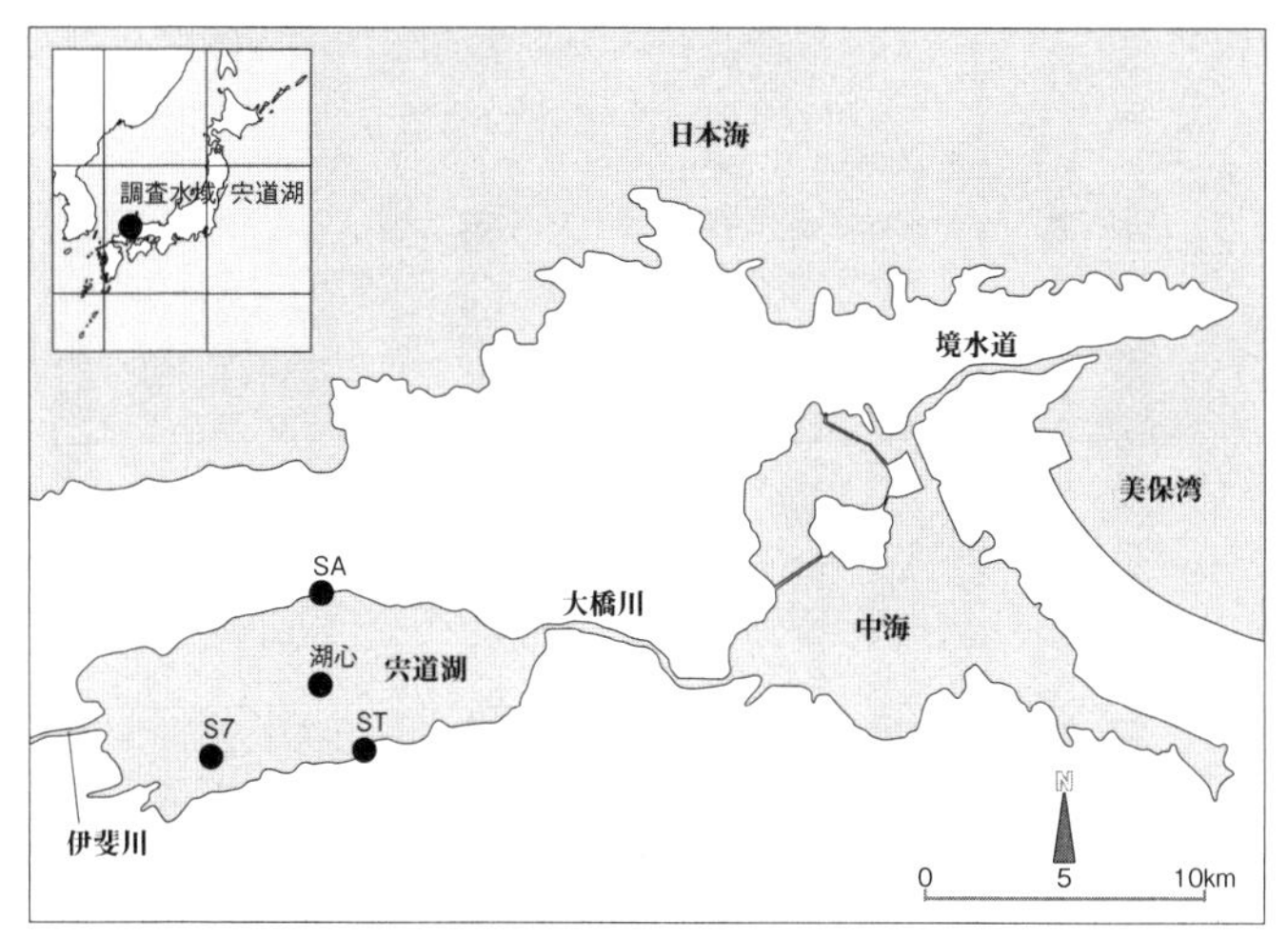

図3　ネオニコチノイド濃度分析用採水地点の位置関係。S7 は水深約 4m で公共用水質測定地点のひとつ。宍道湖内を循環する湖流の影響で水深 4m 以深の場所は湖内のどこでもほぼ同じ水質となる。S7 での採水は数日晴天が続いた後の晴天時のみ行なわれた。ST は宍道湖中央南岸（水深約 0.8m）で近くに小河川が流入する。SA は宍道湖中央北岸の秋鹿漁港の船着き場内（水深約 2m）で採水した。著者作成。

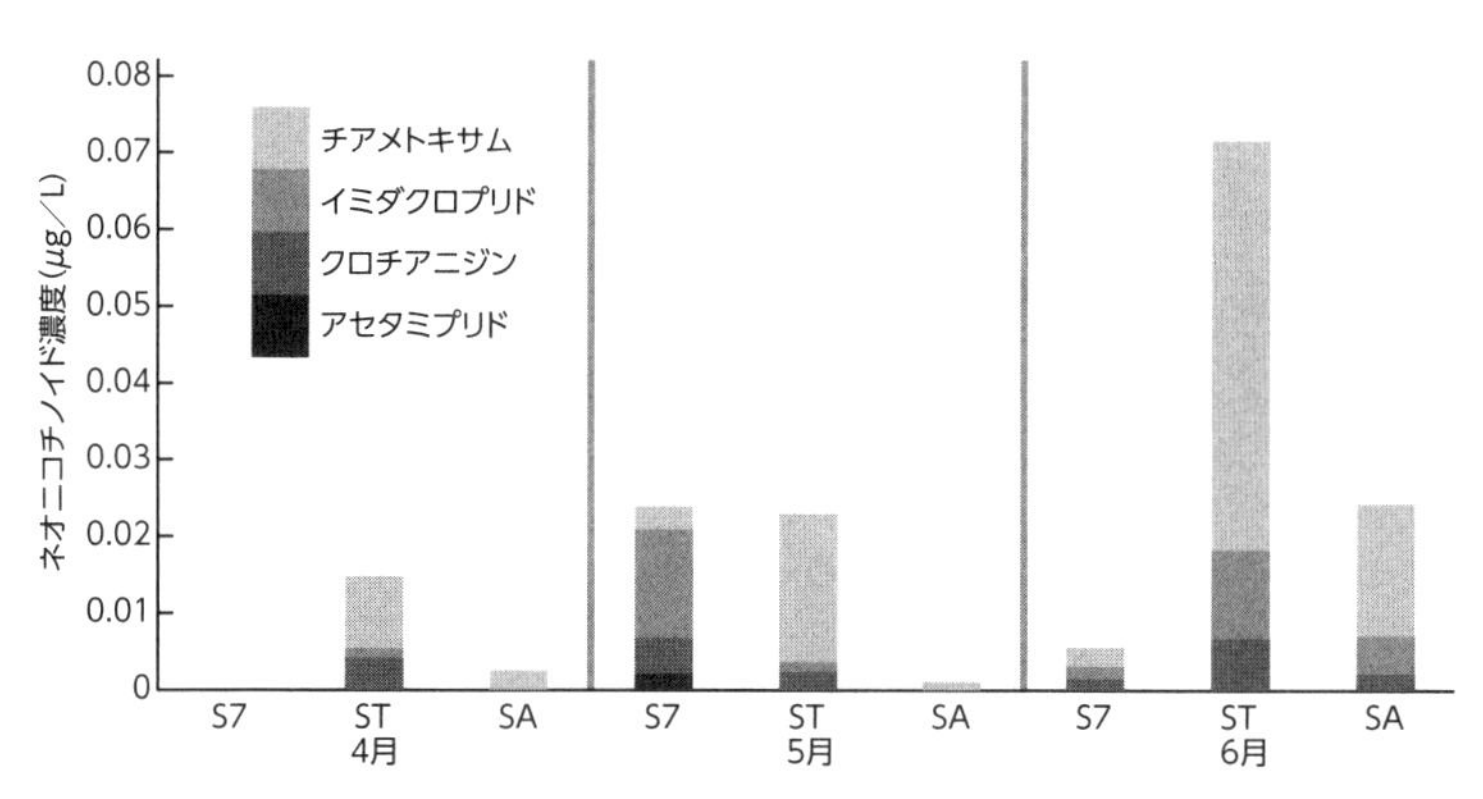

図4　2018 年 4 ～ 6 月に採水した宍道湖水におけるネオニコチノイド濃度。7 種すべて分析し、4 種が検出された。Yamamuro et al.(2019) より。

無脊椎動物にとって致命的な濃度

では０・２４μg／Lという濃度は、宍道湖に生息する節足動物が影響を受ける濃度だろうか。Morrisseyほか（２０１５／※８）は、それまでに行なわれた膨大な毒性実験のデータをまとめて、「ネオニコチノイドの影響を受ける可能性がある無脊椎動物にとって、急性毒性濃度として０・２μg／L、慢性毒性濃度として０・０３５μg／Lを閾値と考えるべき。」と提案した。またMorrisseyほか（２０１５）が参照している報告では、特に感受性が高い動物８種での曝露実験から得られた慢性毒性濃度を０・００８６μg／Lとしている。従って、５月の降雨時の宍道湖でのネオニコチノイド濃度は、ネオニコチノイドの影響を受ける可能性がある**無脊椎動物にとって急激に死滅するに充分な濃度となる可能性が高い。**また降雨がない状態で観測された５月のＳ７での総ネオニコチノイド濃度である０・２４μg／Lでさえ、**特に感受性が高い動物の慢性毒性濃度として報告されている０・００８６μg／Lを遙かに超えている。**感受性が高い動物の急性毒性濃度が慢性毒性濃度の10倍であれば、急性毒性濃度も超えていることになる。

1993年の宍道湖のネオニコ濃度を推理する

最後に、1993年5月の宍道湖水でのネオニコチノイド濃度は、キスイヒゲナガミジンコを激減させるに足る濃度だったかを推理する。1993年度の島根県全体でのイミダクロプリド出荷量は118kg（この年に存在したネオニコチノイド系殺虫剤はイミダクロプリドのみ）、これに対して2018年度は1169kgだった（※7）。2018年降雨時の宍道湖でのイミダクロプリド濃度を0・14μg／Lと推定したが、2018年は1993年の9・9倍使用されているので、この数字で0・14μg／Lを割ると、1993年5月の降雨時における宍道湖のイミダクロプリド濃度は0・014μg／Lと推定される。これは特に感受性が高い動物の慢性毒性濃度として報告されている0・0086μg／Lを超えており、キスイヒゲナガミジンコはただちに死に至ることはなかったとしても、再生産にまで至らず減少した可能性が高い。

さらにはMorrissey ほか（2015）が既存の毒性実験をまとめた時点では、淡水や海水に住む動物は調べられていたが、汽水種の耐性や、海産種や淡水種が汽水でネオニコチノイドに曝露したときの耐性については全く調べられていなかった。著者が知る限り、現在も存在しない。宍道湖で1993年に消滅したことが確認されているオオユスリカの幼虫は淡水種なので、汽水では浸透圧調節のストレスが加わることで、ネオニコチノイドに対する感受性が高くなっていたかもしれない。また汽水種であるキスイヒゲナガミジンコも同様に浸透圧調節を行なわねばならず、降雨による増水で多少塩分が低下する際にネオニコチノイド系殺虫剤に曝露することは、大きなストレスになる可能性もある。

先述のように、日本の河川や湖沼などの公共用水域では、ネオニコチノイド濃度はモニタリングされていない。さらには、公共用水域での水質調査は降雨による濁水の影響がないときに採水するよう決められているため、田面水や水田土壌から供給される化学物質の影響が検出されにくい。ネオニコチノイド系殺虫剤の影響が深刻に受け止められていない背景として、このような日本のモニタリング制度の在り方にも原因があると考えられる。

【用語】

単位努力量当たり漁獲量（CPUE）：漁獲量は漁師さんの数や操業日数などによっても増減するため、魚類の資源量の変動と必ずしも一致するわけではない。そこで、たとえば漁に従事している船の数や操業日数で漁獲量を除したものを資源量として評価する手法がある。著者の研究では、これらの計算をしていない漁獲量そのもののデータが採用されている。理由は本文参照

μｇ／L：マイクログラム・パー・リットル。ある成分が水１リットルあたりどのくらいの量（重さ）溶け込んでいるかということ。１μｇは１ｇの1000分の１のさらに1000分の１。たとえば小さじ１杯の砂糖（３ｇ）を25ｍプール（360000 L）に溶かした時の濃度は8.3μｇ／Ｌとなる

参考／引用文献

1／Yamamuro, M., Komuro, T., Kamiya, H., Kato, T., Hasegawa, H., Kameda, Y. (2019) Neonicotinoids disrupt aquatic food webs and decrease fishery yields. *Science* 366, 620–623.

2／上田章紘 (2007) 宍道湖の湖岸再生に向けた浅場造成手法．国土交通省国土技術研究会報告 (国土交通省国土技術研究会論文集，2007号，149-152.)

3／Ishitobi, Y., Hiratsuka, J., Kuwabara, H., Yamamuro, M. (2000) Comparison of fish fauna in three areas of adjacent eutrophic estuarine lagoons with different salinities. *Journal of Marine Systems*, 26, 171–181.

4／Matsuzaki, S. S. and Kadoya, T. (2015) Trends and stability of inland fishery resources in Japanese lakes: introduction of exotic piscivores as a driver. *Ecological Applications*, 25, 1420–1432.

5／直井啓・鎌田素之 (2011) ネオニコチノイド系農薬の水環境中における存在実態と浄水処理性評価．関東学院大学工学総合研究所報，第39号，11-17.

6／佐藤学・上村仁・小坂浩司・浅見真理・鎌田素之（2016） 神奈川県相模川流域における河川水及び水道水のネオニコチノイド系農薬等の実態調査．水環境学会誌，39，153-162.

7／国立環境研究所，化学物質データベース，https://www.nies.go.jp/kisplus/

8／Morrissey、C. A., Mineau、P., Devries, J. H. ほか４名 (2015) Neonicotinoid contamination of global surfacewaters and associated risk to aquatic invertebrates: A review. *Environment International*, 74, 291–303.

釣り人の視点が生態系全体の保全のヒントになる

第6回

今回の要点

■ 過去の農薬と違い、ネオニコチノイド系殺虫剤は魚を直接死に至らしめたわけではないため、異常が発覚するのが遅れた。

■ 生態系の異変の原因を突き止めるには、化学物質の影響や物質循環的な観点からもデータを出して根拠を示さねばならないが、化学分析ができる生態学者はまだ少ない。

■ 魚類の保全は生態系全体を把握することが必要。釣り人が日々行なっている情報収集や釣り場の記録が、将来水辺に迫る異変に気付くきっかけになるかもしれない。

誰も突き止められなかった真の理由

宍道湖では水田でネオニコチノイド系殺虫剤が使用された1993年から、エサとなる動物が激減したためにウナギやワカサギの漁獲量が激減して今日に至っていた。前回までに示した証拠から、ネオニコチノイド以外に原因を求めるのは困難である。

ではなぜ地元の漁業者も含め、著者以外の誰もネオニコチノイドが原因だと気づけなかったのだろう。理由のひとつとして、かつて農薬で魚が大量死したころには、有害成分が直接魚体に影響を及ぼし、死に至らしめていた。そのため「農薬＝大量死」のような先入観が邪魔をしたのかもしれない。本連載の第1回で解説したように、昆虫の神経系に作用する殺虫剤として最初に広く使われたＤＤＴなどの有機塩素系殺虫剤は、魚毒性も強かった。次に使われるようになった有機リン系殺虫剤も同様だ。

一方、これら人間の健康にも悪影響を及ぼす農薬と違い、「昆虫以外の動物には影響が少ない」として開発されたのがネオニコチノイドだった。そして、実際のところ**ネオニコチノイドが使われても、これまでの殺虫剤のように魚が死んで浮くことはなかった。魚は〝いつのまにか〞消えたのだ。**

もうひとつの理由として、魚が〝いつのまにか減っていた〞場合、原因として異常気象が疑われやすいことがある。1994年は異常高温と少雨の夏だった。ワカサギは高水温に弱いので、当時は著者もそれを疑っていた。それから10年以上経って、ふたたび宍道湖の漁業生産に関するプロジェクトを担当することになって、ようやく「まだ減ったままなのは高水温のせいではない」と気づいたのだ。

だとしても、たとえば地元の生態学者などが、異常気象から数年経ってもワカサギが戻らなかった原因を農薬だと気づけなかったのはなぜか。著者は（少なくとも）日本の生態学が、化学物質が生態系に与える影響をほとんど考慮しない学問になっているからだと考えている。

生態系は生きものだけを見ていてもわからない

『生物学辞典』（石川ほか編，2010／※1）では、生態系とは「生産者・消費者・分解者・非生物的（物理的）環境によって構成されており、おもに物質循環やエネルギー流に着目して機能系としてとらえたもの」と解説している。つまり特定の植物だけ、あるいは特定の動物だけに注目していては、生態系を説明したり保全を進めたりすることはできないはずなのである。

一般の多くの人が、生態学者なら本人の専門が鳥や植物であっても、生態系全体についても詳しく理解していると思っているだろう。しかし残念ながら、日本の場合、地球化学も専門とする一部の生態学関係者以外、化学分析ができない生態学者がほとんどだ。そのため上記の「非生物的環境」について、護岸工事の有無とか富栄養化で濁るようになったなどの目に見える情報だけに注目しがちで、目に見えない化学物質の影響に気づきにくい。

また炭素や窒素、リンといった生物を構成する主要元素でさえ分析できる生態学者はわずかなので、物質循環の観点（第2・3回で解説）から生態系に起こっていることを解析する研究を、日本の生態学者はほとんど行なっていないのが現状なのだ。

過去にも水辺の生態系が農薬によって激変していた

ここでもうひとつ、化学分析によって原因を突き止めることができた生態系の異変を紹介したい。

日本の平野にある湖では、今では主要な生産者は植物プランクトンだ。しかし戦後の高度経済成長期までは、主な生産者は「沈水植物」と呼ばれる目に見える大きさの水草で（次頁図1）、その沈水植物を衰退させ植物プランクトンが主な生産者になるよう生態系の構造を変えたのが除草剤だった。

著者は地学が専門で、過去の宍道湖の底泥の分析から、江戸時代の宍道湖東部は赤潮が発

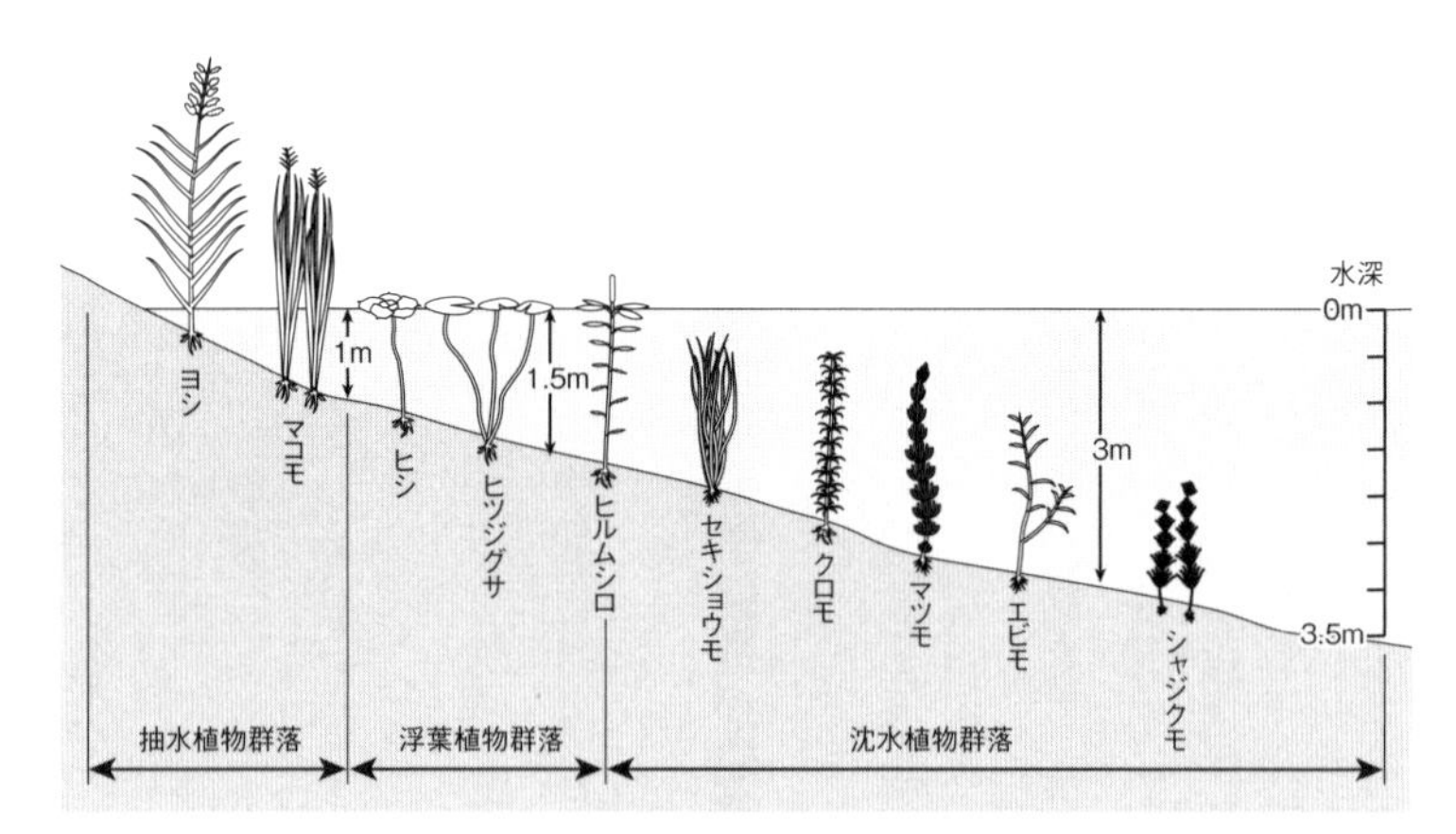

図1　淡水湖沼における水草の生活様式。湖底に根をはり葉が水面上にある植物を抽水植物、湖底に根をはり葉が水面にある植物を浮葉植物、湖底に根をはり葉が水面下にある植物を沈水植物と呼ぶ。水面に葉があり根が湖底にない植物（ウキクサなど）は浮遊植物と呼んで浮葉植物と区別する。またこれらの植物は全て維管束植物だが、シャジクモ類は維管束植物ではなく根もないが沈水植物に区分されることが多い。波あたりが強い海に繁茂する維管束植物は、沈水植物だけである（＝いわゆる海草類）。

生するほど富栄養化していたことがわかっていた。当時はシジミを捕っても全国に売りさばく流通が発達しておらず、シジミ漁による水質浄化量はたかがしれている。当時は下水処理場もなく、シジミ漁で湖外に出ていく窒素やリンがほとんどないのに、なぜそのまま富栄養化が進まなかったのかが不思議だった。

かつて、島根県の知人が地元の漁師と雑談していて、昔の中海（宍道湖の隣の湖）では肥料用に海草のアマモを採草していて、干したアマモで島の色が変わるほど大量に採っていたと聞かされた。雑談された当時の中海にアマモは全くなかったが、そのころ海外の先進国の内湾でもアマモが消失しており、原因は富栄養化とされていた。富栄養化によって植物プランクトンが増えると水が濁り、海底で繁茂するアマモにまで充分な光が届かないという理屈だ。

しかし中海では1960年代に既にアマモは消失していて、そのころの植物プランクトン量はアマモが枯れるほど多くはなかった（宮地、1962／※2）。

これは世界でもまだ誰も気づいていない何かがわかる！ そう直感した著者は調査を進め、1950年代半ばまでは全国の平野部湖沼で肥料目的で沈水植物を刈り取っていたこと、そして朝鮮戦争の特需による工業化で農村から若者を移動させる省力化のために除草剤を使用することで、沈水植物が全国同時期に消滅したことを突き止めた（平塚ほか、2006／※3）。内湾のアマモや湖沼の沈水植物は、富栄養化によって消えたのではなかった。除草剤によって消えてから富栄養化するようになったのだ。

この成果は欧米先進国で関心を呼び、著者はヨーロッパの学会に招かれて講演し、その内容は国際誌に掲載された（Yamamuro, 2012／※4）。さらには宍道湖でシジミから規制濃度以上の除草剤成分が検出されたことから集水域での除草剤使用量が減少し、宍道湖はふたたび沈水植物に覆われるようになったことを報告した（山室ほか、2014／※5）。なお、この報告では透明度や栄養塩などについて、沈水植物が繁茂するようになる以前と以後で変化していないことも示している。

そのとき、釣り人の記録が役に立つ

今回解説したように、宍道湖（だけでなく全国の平野部湖沼）は、過去にも水田からの農薬で生態系が激変していた。またネオニコチノイド系殺虫剤は首都圏の河川でも検出され（第5回参照）、瀬戸内海に流出する河川の河口では、クルマエビに悪影響を及ぼす濃度に達していると報告されている（Hano et al. 2019／※6）。

本連載第1回で著者は「日頃、水際で魚に親しんでいる釣り人の読者に魚が減った原因を見極めるコツを伝え、子や孫の代まで豊かな水辺が日本に残るように日本の農業を変えていく原動力になっていただきたい」と書いた。コツの大部分は、釣り人のみなさまは既に著者以上に有している。水面下で何が起こっているのかは、化学分析ができずとも、現場で培ってきた経験に基づいて推察できる。そして、ウナギなりテナガエビなり、それまで普通に釣れていた種や釣り場で見かけていた種が、ある年から説明不能に減少して数年回復しなかったとしたら、それに最初に気づけるのは釣り人だ。

宍道湖は生息できる動物種数が少ない汽水環境だったために、ネオニコチノイドによる餌生物の減少が速やかに顕在化した。淡水域や海域では影響は徐々に進み、宍道湖以上に気づ

水辺の異変にどうすればいち早く気づけるか？　釣り人に期待される役割は大きい

くのが遅れる。遅れる前に釣り人のカンで、「何かおかしい」と思ったときに、全国レベルで情報交換できればと思う。たとえば第４回で紹介したように、魚のエサとなるオオユスリカの激減は宍道湖以外の湖沼でも起こっていた。「今年はなぜか大量羽化がなかった」と、当時ＳＮＳが存在していっせいにつぶやかれていたら、異変に早く気づけたかもしれない。

ポイントは稀少種ではなく、普通種が急にいなくなることだ。ネオニコチノイドが原因で激減したとされるアキアカネについて、それがネオニコチノイドの使用と一致するとの論文はまだ公表されていない。余りにも普通種であったため、ネオニコチノイド使用開始以前にどれだけいたか、記録されていなかったためだ。昆虫や植物の場合、稀少種についてはどこにいた、どれくらいいたと多く記録される一方で、普通種はいて当たり前だからと、記録されることはまれだ。釣りの場合はレア物だけねらうことは少ないので普通種の情報も誰かが記録していると願うが、水域の釣り対象種ではない動植物（たとえばエサとなる動植物）に対しても、現場で急減したときには広く情報交換されることで、魚にまで影響が及ぶのを防げるだろう。

釣り人は生態系全体を見渡せる視点をもっている

釣り人が普段接している魚たちは、生きていくために住む場所、繁殖する場所（必ずしも普段住んでいるところとは限らない）、エサ（成長に伴って変わることがある。第2回参照）が安定して存在することを必要とする生きものだ。つまり魚類を保全するためには、生態系全体を把握する必要がある。

１９７０年代、日本が「公害列島」と言われていたころは、魚を減らす主な原因は農薬や重金属などの化学物質か、富栄養化による酸欠だった。関係者の努力により日本の水環境は回復に向かい、「公害」という言葉は使われなくなり、代わって「環境問題」が使われるようになった。水環境についても、「汚濁物質、有毒物質の削減」から「生態系の保全、再生」という言葉が多用されるようになった。これにつれて「水辺の生態系の専門家は生態学者」との認識が広がり、魚類の専門家の意見は軽視されるようになってしまったように思う。

少しわき道にそれるが、その典型例を国交省の「多自然川づくり」に見ることができる。「多自然川づくり」は、長良川河口堰問題で全国的な反対運動が起こったことから、利水・治水だけでなく、環境についても配慮した「改正河川法」のもとで進められてきた事業だ。この改正から20年を経て国交省は提言書「持続性ある実践的多自然川づくりに向けて」を公表した（※7）。その中に「内水面」「漁業」という語句はいっさい存在しない。長良川河口堰問題で大きな問題になったのはヤマトシジミやサツキマスといった水産資源への影響だったのに、である。提言書の検討を行なった推進委員の専門分野を見ると、河川工学2名、生態学4名、まちづくり1名だ。生態学の専門家はそれぞれ植物、水生昆虫、森林、鳥の専門家で、水産はおろか、魚類の専門家もいない。

繰り返しになるが魚類の保全は生態系全体の把握が必要だ。釣り人が目指す魚を釣りあげるために日々行なっている情報収集が、まさに生態系全体を見渡す視点なのだ。水域については釣り人こそが、生態系を総体として理解する素地を有している。さらには、大部分の釣り対象魚は食材に利用されている。自身が食べる魚が住む環境を汚染しようと思う人はいないだろう。釣りを通じて水域から得られる恵みを食することで、生態系の保全が花鳥風月を愛でるに似た感覚から、自然と共に生きていくという、真に持続的な社会を実現する原動力となるだろう。

近い将来、日本の全ての小学生が総合学習などで釣りを経験することを願っている。

水田からの農薬の流出は除草剤の事例からも明らかに

日本の水田に散布された除草剤が河川に流出し、人間の健康をもむしばんだ事例も振り返っておきたい。CNP（クロルニトロフェン）は1965年に日本で農薬として登録された除草剤で、全国の水田で用いられていた。この除草剤が使われていた頃の日本の胆道癌死亡率は、人口動態統計の完備している国のみで見ると男性は世界1位、女性は2位と非常に高かった。さらに国内で比べると新潟県の胆道癌死亡率が日本一高く、新潟県内でも水田地帯を流れる阿賀野川や信濃川などを水道水源として用いている下越地方のほうが、ダムや地下水を水源としている上越地方より患者が有意に多かった。山本（1996／※8）は遺伝的素因、胆石胆道炎の既往症、粗食習慣などを有するハイリスクグループに環境要因が作用して胆嚢癌が多発するとの複合要因仮説を立て、どのような環境要因が原因か25項目について検討したところ、主因として水道水のCNPが疑わしいと結論した。

新潟市と上越市の河川および水道水中の除草剤CNP濃度を見ると（表1）、どちらの川でも田植えがいっせいに行なわれる5月の第1週に急増していることから、水田にまかれた除草剤が速やかに河川に流出することがわかる。そして信濃川を水源とする新潟市の水道水からは、信濃川と同レベルの濃度で除草剤が検出されているのに対し、ダムや地下水を水源

月	週	新潟市		上越市	
		信濃川	水道水	関川	水道水
4月	第1週	1.16	未検出	1.38	6.10
	第3週	0.77	1.21	7.61	5.04
5月	第1週	871.16	554.24	182.62	2.09
	第3週	15.04	57.47	21.16	3.17
6月	第1週	14.63	20.51	6.73	5.15
	第3週	4.65	8.20	8.79	6.02
7月	第1週	3.04	5.59	3.50	3.83
	第3週	2.84	2.68	0.82	5.34
	第5週	0.28	3.00	46.03	8.63

表1　新潟市と上越市における河川水と水道水中の除草剤 CNP 濃度（ng/L)

出典：山本（1996／※8）より

としている上越市の水道水は、４月から７月を通じてほぼ同じ濃度を保っていた。つまり塩素消毒などの浄水処理ではＣＮＰは分解されることなく人々に摂取されていたのだ。

後にこのＣＮＰと、同じく水田除草剤として使用されていたＰＣＰ（ペンタクロロフェノール）には不純物として猛毒のダイオキシンが含まれていることが判明し、水域に入ってくるダイオキシンは、それまで主な発生起源とされていた燃焼起源（＝ゴミ焼却炉など）よりも除草剤起源のほうが大きいと考える研究者が現われた。そこで著者は宍道湖堆積物の柱状試料の分析を提案した。宍道湖に流入する斐伊川は土砂供給量が比較的多いために宍道湖の堆積速度は大きく、解像度が高い試料が得られる。そのうえ宍道湖は汽水湖なので水深５ｍを超える所は常に塩分成層して酸欠状態になっており、泥を

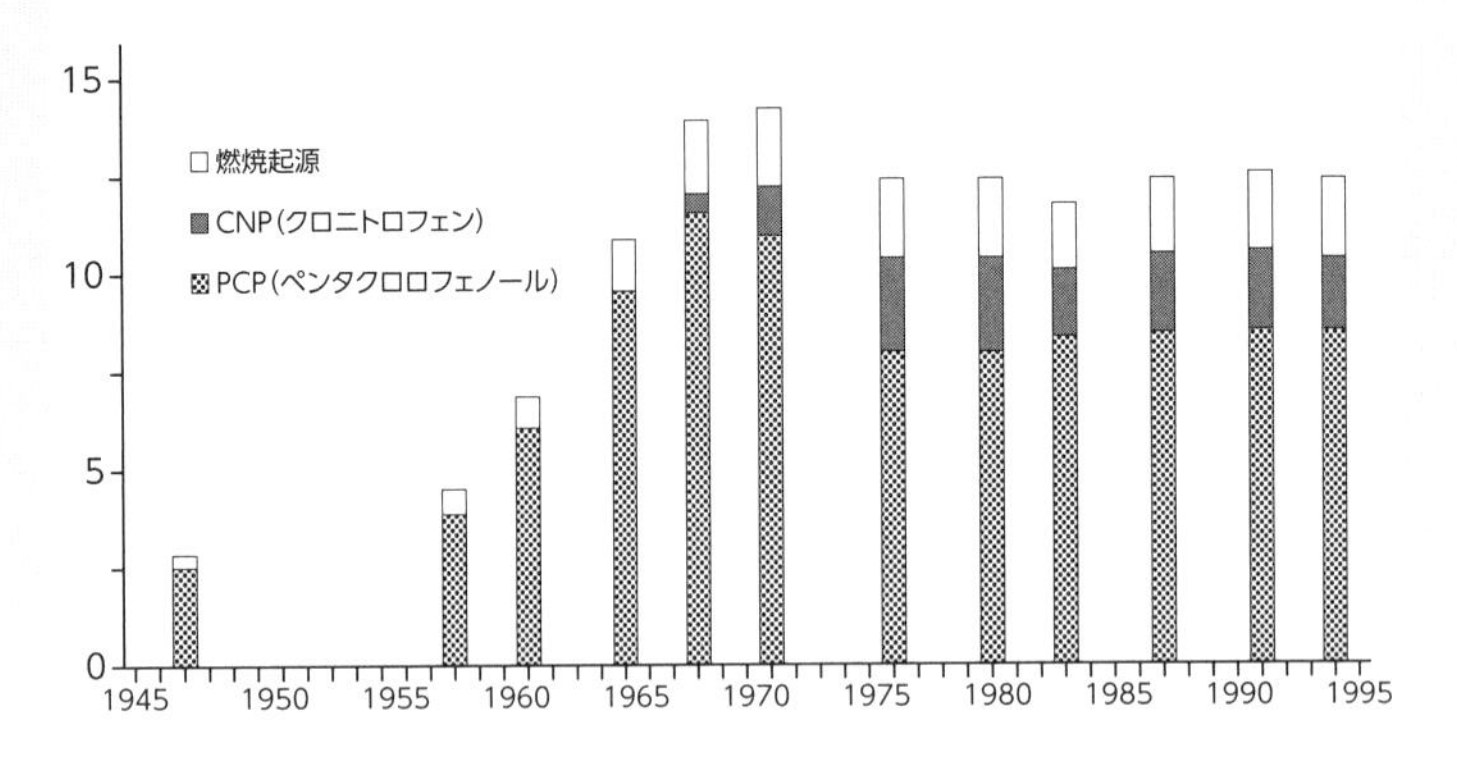

図2　宍道湖の中心部で採取した堆積物を分析して得られた起源別ダイオキシン類
単位は乾燥堆積物1g当たりのダイオキシン類（ng）。Masunaga ほか（2001）より。

かき乱す底生動物はいない。過去に行なわれた年代分析でも、ほとんど撹乱がないことが示されていた。

その宍道湖堆積物の柱状試料を使って、除草剤不純物起源のダイオキシンが使用開始直後から湖に流入していたこと、そして堆積物中ダイオキシンのうち燃焼起源は14％に過ぎず、残り84％が除草剤起源であることが世界で初めて判明した（Masunaga ほか、2001／※8）（図2）。この研究から著者は、日本の平野部の水域では、水田排水の影響が必ず及んでいると考えるようになった。後に、除草剤によって平野部の沈水植物が衰退したことを突き止めた時も、「やっぱり。」と思ったのは、この研究を行なっていたからだ。

参考／引用文献

1／石川　統・黒岩常祥・塩見正衛・松本忠夫・守　隆夫・八杉貞雄・山本正幸（編）（2010）生物学辞典．東京化学同人，東京，1615.

2／宮地伝三郎編（1962）中海干拓・淡水化事業に伴う魚族生態調査報告 .

3／平塚純一・山室真澄・石飛裕（2006）里湖モク採り物語　50 年前の水面下の世界．生物研究社，144.

4／ Yamamuro, M. (2012) Herbicide-induced macrophyte-to-phytoplankton shifts in Japanese lagoons during the last 50 years: consequences for ecosystem services and fisheries, *Hydrobiologia*, 699, 5-19.

5／山室真澄・神谷宏・石飛裕 (2014) 宍道湖における沈水植物大量発生前後の水質．陸水学雑誌 , 75, 99-105.

6／ Hano, T., Ito, K., Ohkubo, N. ほか 10 名 (2019) Occurrence of neonicotinoids and fipronil in estuaries and their potential risks to aquatic invertebrates. *Environmental Pollution*, 252, 205-215.

7／河川法改正 20 年　多自然川づくり推進委員会（2017）提言『持続性ある実践的多自然川づくりに向けて』．16.（https://www.mlit.go.jp/river/shinngikai_blog/tashizen/pdf/01honbun.pdf）

8／山本正治（1996）新潟平野部に多発する胆嚢がんの原因について．日本農村医学会雑誌，44, 795-803

9／ Masunaga, S., Yao, Y., Ogura, I., Nakai, S., Kanai, Y., Yamamuro, M., and Nakanishi, J. (2001) Identifying sources and mass balance of dioxin pollution in Lake Shinji basin, Japan. *Environmental Science & Technology* 35, 1967-1973.

第7回（最終回）

ネオニコチノイドに頼らない農業に向けて

今回の要点

- 日本以外の多くの国ではネオニコチノイドの使用規制が進んでいる。

- 昆虫や節足動物を無差別に殺傷してしまうネオニコチノイドを使い続けると、環境への影響以外にも、薬が効かない害虫（耐性種）を生み出してしまう問題があり、農業の将来を考えるうえでも脱却が望ましい。

- 細菌が産生する毒素を利用する「BT剤」や細胞内共生微生物を利用した害虫駆除方法など、化学農薬に頼らず農産物を守る研究はすでに始まっている。

ネオニコチノイドは人や魚には害が少ないとされるが……

前回は、宍道湖でウナギやワカサギの漁獲量が1993年を境に激減した原因がネオニコチノイド系殺虫剤であることを、地元の研究者や漁業者がなぜ気づけなかったかを解説した。またネオニコチノイドによって水産対象種が減っている可能性があるのは宍道湖だけではないことを、瀬戸内海の河口で、ネオニコチノイドがクルマエビに影響を与えうる濃度だと報告されていることを例に挙げて紹介した。本連載の読者の中には「もしや1990年代後半から◯◯が少なくなったのは、ネオニコチノイドのせいかもしれない」との事例を思い浮かべた方もおられるのではないだろうか。

ネオニコチノイドは昆虫以外の動物、たとえば人や魚には影響が少ないとして広く使用されるようになった殺虫剤だ。しかし、害虫以外の昆虫にも優れた殺傷能力があること自体が、大問題だ。多くの植物が昆虫の送粉によって受粉する。ネオニコチノイドの弊害として蜂群崩壊症候群が指摘されているのに対して、明確な根拠がないとの反論がしばしばなされる。しかし送粉を担うのはハチだけではなく、野菜の害虫（たとえばキャベツを食べるアオムシ）として駆除対象になっているチョウなども送粉者だ。昆虫全般が標的になることで送粉者は確実に減少し、植物の減少を招いてしまう。また害虫を食べる益虫も、直接ネオニコチノイドを浴びるかネオニコチノイドを浴びた虫を食べることによって減少する。そうなると後述するように、害虫がネオニコチノイド耐性を獲得した場合、捕食者不在の中で爆発的に増えてしまう。

山林でも使われているネオニコ

そして本連載で紹介したように、ネオニコチノイドは昆虫だけでなく、節足動物（＝ミジンコやヨコエビなどの動物プランクトンや、エビ類、カニ類などを含む動物群）も殺傷する。多くの節足動物は水辺の生態系において重要な一次消費者だ。彼等が減れば生産者（たとえば植物プランクトン）が光合成で作った有機物が食物連鎖を通じて魚にわたらなくなり、貧栄養化しなくても漁獲量が減ってしまう。河川や湖沼に住む漁獲対象以外の魚類も、節足動物を主なエサにしているものは衰退するだろう。

本連載では島根県の宍道湖という平地にある湖を対象に、ワカサギやウナギの激減が起こったのは、その年に水田用ネオニコチノイド系殺虫剤が初めて使われたためと説明してきた。釣り人の中には、水田排水の影響を受けない渓流ではネオニコチノイドも無関係なのでは？　と思った方もいるかもしれない。実はネオニコチノイドは農作物だけに使われているのではない。松枯れの原因とされるマツノザイセンチュウを媒介するマツノマダラカミキリを殺すという名目で、松林がある山林では30年以上にもわたって、ネオニコチノイド系殺虫剤の空中散布が延々続けられてきたのだ。著者の趣味のひとつはトレイルランだが、松が多い山では夏でも藪蚊がほとんどいないと実感している。

各国で規制が進むなか日本では……

世界ではネオニコチノイドの規制がすでに始まっている。本連載第1回で世界における化学農薬の使用量を紹介した。多く使われているのはアジア、ヨーロッパ、中南米で、特に夏に高温多湿になって病虫害の被害が多くなり、米の生産量が多く水田で農薬が多用される東アジアで化学農薬の使用量が多いと解説した。

しかしネオニコチノイドについては事情が異なる。欧米では、日本で承認されているネオニコチノイド系殺虫剤を承認していなかったり、承認したものについても登録中止措置にしているものが大部分である。

では熱帯にある国や東アジアではどうだろう?

P105表1には熱帯(ブラジル、オーストラリア、フィジー)や東アジア(台湾・韓国)などでの規制状況が示されている。ネオニコチノイドや同等の浸透性神経毒である殺虫剤すべてを承認しているのは日本だけで、かつ、承認済み殺虫剤の規制を緩和しているのも日本だけである。つまり、ネオニコチノイドは気候や米作の有無に関わらず、日本以外の多くの国で規制が進んでいるのだ（ただし後述のように、この表に掲載されていない、そもそも規制や管理をしていない国もある）。

日本では表1にあるように食品への残留基準が緩和されていることもあり、規制が進んでいる欧米と比べて、私たちが口にする食品に残留するネオニコチノイドの濃度も極めて高い（表2）。このため欧米よりも日本人のほうが食物を通じて摂取するネオニコチノイドが高くなり、健康障害が生じた事例が報告されている（平ほか、2011／※1）。

脱ネオニコを進める自治体も

なぜ日本はこれほど規制が緩くても、消費者は不安に思わないのだろう？　理由のひとつは、「国産農作物は世界一安全」という間違った神話が信じられているから（竹下、2019／※5）だと思われる。たとえば学生に「世界で一番安全な作物を作っている国は？」と尋ねると、9割が「日本」と答えるそうだ。一方で、一番農薬を使っている国を尋ねると「アメリカ、中国」と答えるとのこと。しかし、実際には農薬全体で見ると、農地1ha当たりの農薬使用量は中国が13kg、日本が11・4kgと、それほど差がない。そして、アメリカは中国・日本の5分の1程度しか使っていない（竹下、2019）。

	ネオニコチノイド系農薬							その他			
	イミダクロプリド	チアメトキサム	クロチアニジン	アセタミプリド	チアクロプリド	ジノテフラン	ニテンピラム	スルホキサフロル	フルピラジフロン	トリフルメゾピリム	フィプロニル
ブラジル	15年 綿花の開花期に周辺での使用を禁止						未承認				15年 綿花の開花期に周辺での使用を禁止
オーストラリア	19年11月 ネオニコ系再評価を20年2月より開始と発表										
ニュージーランド	20年1月 ネオニコ系再評価を発表										
フィジー	19年12月末より禁止										
台湾	17年5月 ライチとリュウガンに対する使用を2年間禁止						未承認				16年1月から茶葉への散布禁止
韓国	14年3月 EUに準拠して使用禁止						未承認				
日本	17年7月 一部残留基準値緩和	16年6月 一部残留基準値緩和	15年5月 大幅な残留基準値緩和	15年5月 大幅な残留基準値緩和	19年6月 一部基準値を低減（案）	19年9月 21年度優先再評価を告示	17年12月 残留基準値を低減	16年3月 承認作業を一時保留 17年2月 承認作業再開 17年12月 新規承認	15年12月 新規承認	18年9月 新規承認	
	19年9月21年度優先再評価を告示										

■=使用禁止・取消
■=規制強化
□=新規登録・規制緩和

表1　各国のネオニコチノイド承認状況。スルホキサフロル、フルピラジフロン、トリフルメゾピリム、フィプロニルはネオニコチノイド系ではないが、ネオニコチノイド系同様、植物に浸透するタイプの神経毒である。
(出典：http://organic-newsclip.info/nouyaku/regulationneonico-table.html)

	日本	米国	EU
米(玄米)	4.71	0.05	2.04
小麦	0.6	0.07	0.37
大麦	3.57	0.07	1.45
トウモロコシ	1.57	0.07	0.19
ジャガイモ	1.8	0.7	0.63
キャベツ	11.22	4.9	1.54
ブロッコリー	17.01	6.1	1.52
レタス(サラダ菜・チシャを含む)	64.01	11.5	11.1
ニンジン	2.12	0.42	0.92
トマト	13	1.95	1.74
ピーマン	16.5	1.95	3.04
ナス	10.7	1.95	1.64
ホウレンソウ	83.02	11.5	5.22
リンゴ	8.3	1.1	2.3
サクランボ	32.01	3.5	3.13
イチゴ	15.1	0.8	2.32
ブドウ	40	1.9	3.51

(ppm)

表2　日本・米国・EUにおける農作物中ネオニコチノイド系殺虫剤の残留農薬基準値(ppm)。日本については、2018年5月17日時点で、公益財団法人日本食品化学研究振興財団のサイト（※2）に掲載されていたネオニコチノイド系殺虫剤7種（アセタミプリド・イミダクロプリド・クロチアニジン・ジノテフラン・チアクロプリド・チアメトキサム・ニテンピラム）の基準値について食品毎の合計値を計算した。米国については2018年5月31日に厚生労働省から出された基準値最終案のリスト（※3）に表記されていた値を用いて合計値を計算した。EUについては「EU農薬データベース」（※4）に2018年6月5日時点で掲載されていた値から合計を計算した。

日本は多くの国民の感覚とは違い、実際は農薬大国といえる。その事実を端的に示しているのが、水田でエサを捕って暮らしてきたコウノトリ（上）やトキ（右）の絶滅だ

さらに、魚が関わる水環境への農薬汚染という観点からは、日本は東アジア最大の環境後進国だと著者は思っている。日本で周年生息個体が絶滅した大型の鳥の代表格はトキだが、このほかにコウノトリも1971年に絶滅した。そして、野生のコウノトリが絶滅したのは、日本、朝鮮／韓国、ロシア、中国の中で日本だけなのだ。

日本最後のコウノトリが住んでいた兵庫県豊岡市では、長年、コウノトリの保護増殖と野生復帰の取り組みが行なわれてきた。農業についても「安全な農産物と生きものを同時に育む農法」を「コウノトリ育む農法」と定義し、稲と大豆について具体的な手順が紹介されている（※6）。水稲栽培については農薬を使用しない、あるいは使用を減らす、の2タイプが紹介されている。使用を減らすタイプの場合は、「魚類に影響を及ぼす」と記載されている農薬だけでなく、「ネオニコチノイド系殺虫剤も使用しない」と明記されている。著者がネオニコチノイドにより魚が減ったと気づく前から、豊岡の住民はコウノトリを通じて、ネオニコチノイドによりコウノトリのエサとなる魚が減ると気づいていたのだ。

化学農薬の継続使用は耐性種を生む。農業の現場にも暗雲

そうは言っても多くの農家にとって、殺虫剤なしでの稲作は考えられないだろう。そして人や魚などにさまざまな悪影響を与えてきたそれまでの神経毒殺虫剤に代わって、最も安全かつ効果的として使われているのがネオニコチノイドなのだ。しかしそのネオニコチノイドも、すでに日本の稲作では殺虫効果を失ってきている。一部の害虫が耐性を獲得してしまったからだ。特に問題になっているのがトビイロウンカだ。中国・九州地方だけでなく、2020年は関西・東海まで被害が広がった。トビイロウンカは中国・ベトナム付近から日本に飛来する。その飛来時期が早まるだけでなく到達域も北上していることから、地球温暖化が進めば被害はさらに深刻になるだろう。

トビイロウンカは2005年にはすでに耐性を獲得していたと報告されている（Gorman et al. 2008／※7）。トビイロウンカは日本の気温では低温過ぎて次世代を残すことはできないが、インドや東南アジアでは周年生息する。そしてこれらの地域では二期作、三期作が行なわれ、かつネオニコチノイドの使用量が管理されていないために、容易に耐性を

獲得できてしまう。新たな化学物質で殺虫剤を作っても、イタチごっこが続くだろう。

著者がこの問題に気づいたのは、インドネシアからの留学生を指導することになったからだ。種多様性が高い熱帯域にあるインドネシアでは、ネオニコチノイドが使用され続けることによる弊害が大きい。そしてインドネシアは世界で3位の米生産国だ（ちなみに1位は中国、2位はインド）。ネオニコチノイドを使っていないはずはないと思い、いつからどれくらい使っているか、来日前に統計を調べてほしいとメールしたら、「いろいろ調べて関係していそうな人にも聞いたけれど、統計は見当たらないし、いつから使いだしたのかもわからない」との返事。そんなバカなとWeb of Scienceという、世界最大級のオンライン学術データベースを使って「Indonesia AND neonicotinoid」で検索し、唯一ヒットしたのが、前出のトビイロウンカの耐性獲得報告だった。著者の中にインドネシアの研究者はいなかったので、インドネシア国内では全く研究されていない可能性が高い。またインドネシアの環境中でのネオニコチノイド濃度の報告なども、一切見つからなかった。

化学物質による殺虫剤は輸出や保存が容易だ。このため、たとえ日本で耐性がつかないように容量を守って使用していたとしても、農薬の専門家が希薄な海外で無秩序に使用されてしまえば、遅かれ早かれ耐性がついてしまうだろう。

欧米を始め世界の多くの国で、益虫も害虫も区別せず殺してしまうネオニコチノイド系殺虫剤の使用規制が進んでいる。また化学物質を使った殺虫剤の継続的な使用は必ず耐性種を

本来、水田のホソ（小さな水路）で楽しめていたタナゴ釣りだが、釣り場は全国的に急減している。化学農薬に頼らない農業の広がりは、食の安全はもちろん、多くの人が釣りを楽しめる環境が残されるためにも欠かせない

生みだしてしまうことから、ヨーロッパを中心に化学物質を使わない害虫の防除方法が試行されている（Furlan et al. 2018／※8）。

ドイツでは過去27年間で昆虫が75％以上減少したとして、2019年9月、昆虫保護行動計画を策定した（日本語概要版／※9）。そこでは農薬による標的外の昆虫への悪影響を大幅に低減することが目標に盛り込まれており、それらの目標の達成のために年間1億ユーロの資金を準備するとのこと。脱ネオニコチノイドに向けた技術開発は、すでに始まっているのだ。

そんな中で、セミの声に夏の静けさを感じたり、スズムシを飼って鳴き声を楽しむという、昆虫に対して繊細な感覚を有する日本人が、ネオニコチノイドを使い続けていいものだろうか。今こそ日本人特有の繊細なセンスをいかして、個々の害虫に特化した防除技術を創出するときだと思う。

脱ネオニコのための研究開発はすでに始まっている

脱ネオニコを実現するにはどうしたらよいのか？　それを目指そうという創出の芽は60年前、すでに存在していた。生物を使うことだ。レイチェル・カーソン著『沈黙の春』は農薬などの化学物質による自然破壊を訴えた書として知られているが、単に現状を糾弾するだけではなく、最後の章で化学物質に頼らないで害虫被害を防ぐ方法をさまざまに検討し、提案していた。

「1940年代に入って新しい殺虫剤が出回り、その一時的な効果に目がくらんだ農学者らが昆虫を使う方法すべてに背を向け、化学的コントロールの地獄の踏み車を踏み出したのだった。だが、からまわりするばかりで害虫のいない世界という目標に近づけるわけがない。そして、とうとうしまいにわかったのは何だったろう。化学薬品をむやみにまきちらせば、破滅するのは目指す相手ではなくて、自分自身だということだった。新しい考えを集めて、生物学的コントロールというサイエンスの川は、また流れ出した！」

残念ながら、実際のその後の世界では、生物学的コントロールという川は流れを止めてしまった。それでもカーソンはこの章の中で、バチルス・チューリンゲンシスという細菌が産生する毒素が特定の昆虫だけに影響することを紹介しており、この毒素は現在でも「BT剤」として有機農業で利用されている（ただし、この細菌が生成する毒素がどのような分子構造で、どこを変えることで対象昆虫を操作できるかといった分子工学的な研究はほとんど進んでいない）。

また、衛生害虫（＝病気などを伝染する害虫）の防除では、化学物質を使用しない駆除方法としてボルバキアという細胞内共生微生物の利用が始まっている。たとえば蚊をこのウイルスに伝染させると蚊の体内でデングウイルスの増殖が抑制されることから、細菌に感染させた蚊を放出させることでデング熱を予防する試みが行なわれている。また、このボルバキアは、テントウムシ、ガ、チョウ、ハエなどで雄の卵のみを発生初期に殺してしまうという特性も持っている。この特性をうまく使えば、生物農薬として使えるかもしれない。

魚と、魚のエサとなる動物たちで賑わう水辺がいつの日か日本に戻ってくることを願って、本連載完了としたい。

参考／引用文献

1／平久美子・青山美子・川上智規・鎌田素之（2011）ネオニコチノイド系殺虫剤の代謝産物 6- クロロニコチン酸が尿中に検出され亜急性ニコチン中毒様症状を示した 6 症例. 中毒研究 , 24, 3, 222-230

2／公益財団法人　日本食品化学研究振興財団 , 残留農薬基準値検索システム（最終閲覧日：2020 年 11 月 27 日）http://db.ffcr.or.jp/front/

3／厚生労働省 , 食品等に残留する農薬等に関するポジティブリスト制度における暫定基準（最終案：基準値表）, 2018 年 5 月 31 日更新（, 最終閲覧日：2020 年 11 月 27 日）
https://www.mhlw.go.jp/topics/bukyoku/iyaku/syoku-anzen/zanryu2/050603-1a.html

4／ EU Pesticides database（最終閲覧日：2018 年 6 月 5 日）
http://ec.europa.eu/food/plant/pesticides/eu-pesticides-database/public/?event=pesticide.residue.selection&language=EN

5／竹下正哲 (2019) 日本を救う未来の農業ーイスラエルに学ぶ ICT 農法 . 筑摩書房、249.

6／兵庫県 , 兵庫県庁ウェブサイト「, コウノトリ育む農法」とは , 2019 年 12 月 26 日更新（最終閲覧日：2020 年 11 月 27 日）
https://web.pref.hyogo.lg.jp/org/toyookanorin/kounotori_hagukumu_nouho.html

7／ Gorman, K., Liu, Z., Denholm, I., Brüggen, K-U, Nauen, R. (2008) Neonicotinoid resistance in rice brown planthopper, *Nilaparvata lugens*. *Pest Management Science*, 64, 1122-1125.

8／ Furlan, L., Pozzebon, A., Duso, C., Simon-Delso, N., Sánchez-Bayo, F., Marchand, P. A., Codato, F., van Lexmond, M. B., Bonmatin, J-M (2018) An update of the Worldwide Integrated Assessment (WIA) on systemic insecticides. Part 3: alternatives to systemic insecticides. *Environmental Science and Pollution*
Research, https://doi.org/10.1007/s11356-017-1052-5
(日本語訳は https://www.actbeyondtrust.org/wp-content/uploads/2020/03/WIA2JP_3_ver2.pdf)

9／公益財団法人日本生態系協会 日本ビオトープ管理士会 (2019) , ドイツ連邦環境・自然保護・原子炉安全省 昆虫保護行動計画昆虫の大量死に対して協働で効果的に取り組む 日本語概要版
http://www.ecosys.or.jp/activity/international/insektenschutz_gaiyo.pdf

まとめ・月刊『つり人』編集部

脱「ネオニコ」の可能性を探る。（前編）

兵庫県豊岡市・コウノトリ育む農法を例に

（月刊『つり人』2021年3月号より）

コウノトリも住める環境の保全に力を入れている兵庫県豊岡市では、水田にコウノトリのエサ場としての役割が期待され、減農薬・無農薬栽培で水田の生き物を増やす「コウノトリ育む農法」が確立されている

水辺の生態系に少なくない影響を与えていることが明らかになった化学農薬・ネオニコチノイド系殺虫剤。月刊『つり人』誌上では「魚はなぜ減った？　見えない真犯人を追う」と題して、島根県・宍道湖でその事実を証明した東京大学の山室真澄教授に、ネオニコが生態系にどのように影響を及ぼすのかを連載記事で解説していただいてきた。釣り人としては、ネオニコに頼らない農業への取り組みを進めてほしいと願うばかりだが、ネオニコをはじめとする化学農薬は農家からすれば作物を守る重要な役割を担っていることも事実。そこで本稿では、減農薬・無農薬での水稲栽培を確立した兵庫県豊岡市「コウノトリ育む農法」の事例を紹介する。

（取材協力・写真提供：兵庫県但馬県民局、豊岡市コウノトリ共生部）

ネオニコの問題点とは

ここまで7回にわたり著者の山室真澄教授による、水田で使われる農薬・ネオニコチノイド系殺虫剤が水辺の生態系に与える影響をエビデンスをもとに解説する内容をお伝えしてきた。山室教授が研究している島根県・宍道湖では、県内でネオニコが使われ始めた1993年を境にワカサギやウナギの漁獲量が急減し、現在に至るまで回復していない。

ここで注意したいのは、ネオニコチノイド系殺虫剤が魚を直接殺傷したわけではないということだ。この殺虫剤は、ヒトをはじめとする脊椎動物には毒性が低く安全性が高いとされ、害虫への効き目が大きく環境中に長く残留する（＝散布回数を減らせる）などのメリットから国内では広く使用されている。ただし、害虫だけを選んで駆除できるものではなく、作物に悪さをしない虫も、害虫を食べてくれる天敵の虫も同じように殺してしまう。

その影響は水中にも及び、宍道湖では農地等から流れ込んだネオニコの影響で、動物プランクトンとユスリカの幼虫やゴカイなどの底生動物も大幅に減少していた。これらの魚のエサとなる生き物が減ったことで、魚類の資源量も大打撃を受けたのである（※1）。

我が国のネオニコチノイド系殺虫剤の出荷量は1993年以降増え続け、頭打ちとなった08年以降も減少に転じる気配はない（図1）。それだけ農作業の現場で重宝されているとい

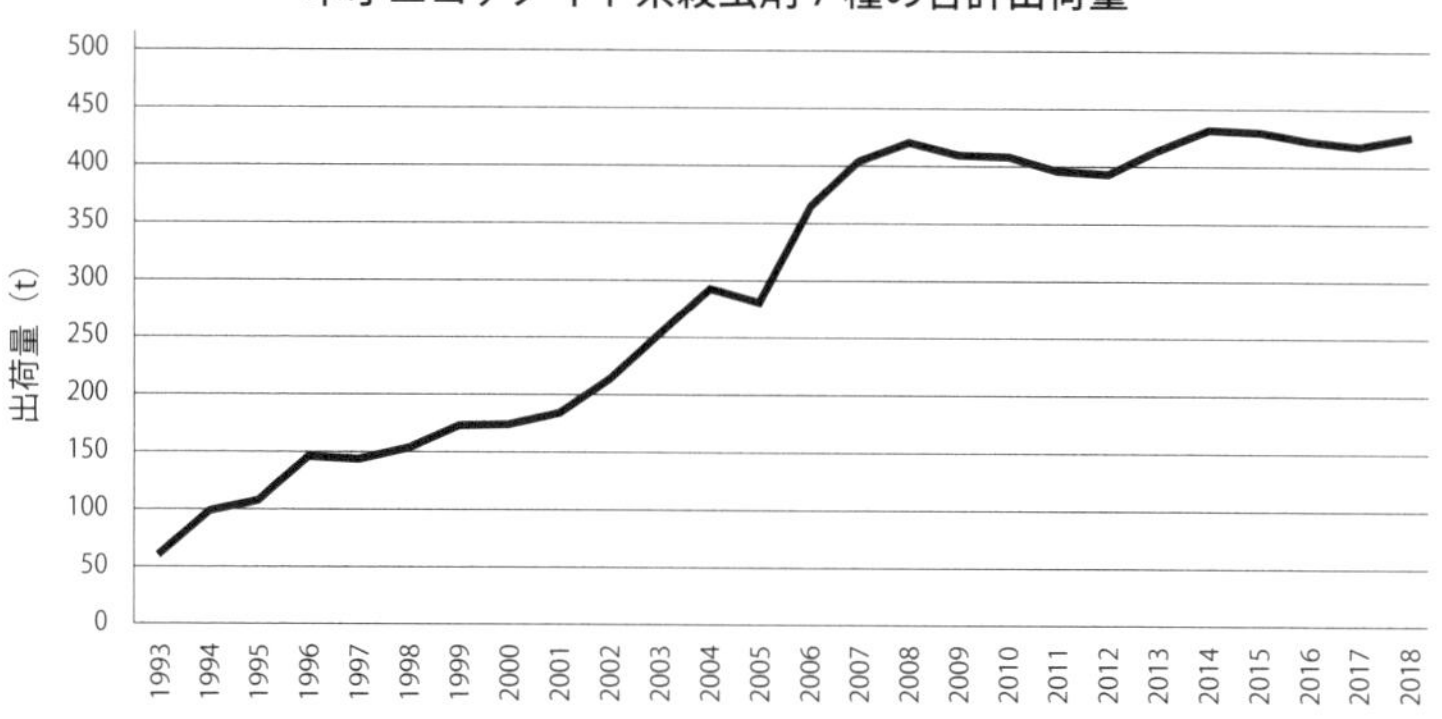

図１　国立環境研究所のデータベース（※２）より、ネオニコチノイド系殺虫剤の代表的な７種の成分（イミダクロプリド、チアメトキサム、クロチアニジン、アセタミプリド、チアクロプリド、ジノテフラン、ニテンピラム）の全国出荷量を合計して作成。

うことでもある。そんななか、ネオニコチノイド系殺虫剤を全く使用せず、田植えから収穫まで稲を育てることに成功した栽培方法がある。兵庫県豊岡市を中心に自治体・農家・ＪＡが一体となって取り組んでいる「コウノトリ育む農法」だ。

兵庫県豊岡市の取り組み。「コウノトリ育む農法」の稲作

兵庫県豊岡市は、日本から一度は姿を消してしまったコウノトリが最後まで生息していた土地である。豊岡市の人々は古くからコウノトリの保全と野生復帰に熱心に取り組んできた背景があり、いまでは行政と市民が一体となってコウノトリのみならずこれを取り巻く生態系の回復と保全に尽力している。

その一環として始まったのが、水田にコウノトリのエサとなる小動物を取り戻すことを主眼にし

た栽培方法「コウノトリ育む農法」である。

「コウノトリ育む農法」が成立するきっかけになったのは2005年、兵庫県が飼育下で人工繁殖を行なってきたコウノトリの自然界への放鳥だったが、それ以前にも熱心な農家がアイガモ農法などの無農薬栽培に取り組んでいたという。そこで豊岡市も2002年ごろから有機栽培に詳しい各地のNPOをアドバイザーとして招くなどして後押しした。

当然、効率化を重視した従来の栽培方法から転換するには困難もあり、とくに除草剤を使わずに雑草を抑える技術開発が難しかったというが、関係者の努力により2016年ごろには安定して収穫できるようになった。

その結果、現在では豊岡市全体の主食用水稲作付面積のうち15・7%、426haの水田で「育む農法」が実施されるまでになった。取り組んでいる農家は豊岡市内では約200軒で、豊岡市を中心に但馬地域全体で取り組まれている。

水田を中心に豊かな生態系があった

「コウノトリ育む農法」では、化学農薬・化学肥料の使用削減や、冬の田んぼにも水を張るなどの特徴的な水管理方法などを取り入れて、水田の生き物を増やすことに成功している。

田んぼの近くの水路で小ものの釣りに親しんできた釣り人なら、カエルが大合唱しドジョウ

	小動物の種類	小動物現存量(g)/㎡	イトミミズ類個体数/㎡	ユスリカ類幼虫個体数/㎡
農薬使用の慣行栽培	18.0	43.1	224	7050
減農薬栽培	18.4	61.0	7万3757	7514
無農薬栽培	25.0	171.7	11万8757	3万2133

表1　豊岡市の水田タイプ別生物量調査結果

コウノトリと共生する水田づくり支援事業「平成17年度水田生物モニタリング」(豊岡市)よりデータを抜粋して作成。小動物は魚類、オタマジャクシ、昆虫類、貝類、ミミズ類とその他の無脊椎動物すべてを集計。

オタマジャクシがカエルになれば、害虫を食べてイネの被害を抑えてくれる

クモも害虫を食べてくれる益虫だ。殺虫剤を使えば益虫もろとも姿を消してしまう

冬場も田に水を張るのが「育む農法」の特徴。雪景色を水面に映す珍しい風景が広がる

や水生昆虫がたくさん泳ぐ水田を思い出す人も多いだろう。近年はめっきり少なくなって思い出のなかだけに存在するような風景を現実に取り戻すことに成功しているのである。

前頁表1は「育む農法」として確立する以前の2005年度に豊岡市の水田で行なわれた調査結果の一部をまとめたものだ。農薬の使用頻度が少なくなるごとに生き物の数が顕著に増える傾向がはっきり見て取れる。このデータにはないが、ミジンコ類など魚のエサになる動物プランクトンも同じ傾向になるはずだ。

イトミミズ類は「育む農法」を成功させるカギとなる生き物だ。小動物のエサとなって生態系を豊かにするだけでなく、有機物を分解して「トロトロ層」と呼ばれる細かい泥の層を作る。トロトロ層には稲の成長を邪魔する雑草を生えにくくする効果があり、除草剤の使用量を抑えることに貢献している。

宍道湖の事例で山室教授が着目したユスリカ類幼虫（アカムシ。連載第4回参照）の数は一般的な栽培方法と減農薬栽培の差は小さいが、農薬を全く使わない無農薬栽培で飛びぬけて多い結果になっていることにも注目したい。それだけ化学農薬に弱い生き物だと言えるだろう。こういった生き物が生態系を支え、カエル、トンボ、クモ、ツバメなど害虫の天敵となる生き物も「育む農法」の水田にやってくる。

豊岡市では「育む農法」での水田管理以外にも、休耕田を利用したビオトープや水田魚道の整備なども行なわれており、いまではコウノトリをシンボルとして生態系全体を回復する取り組みになっている。ちなみに「兵庫県版レッドリスト2017」には絶滅の恐れが非常に大きい「Aランク」の生き物に魚類は18種指定されているが、豊岡市ではこのうち9種の生息が確認されている。

ネオニコチノイド系殺虫剤不使用を実現したカギは天敵

兵庫県が定める「コウノトリ育む農法」の栽培方法には①農薬を使用しないタイプ（無農薬）、②農薬使用を減らすタイプ（減農薬）のふたつがある。

一般的な栽培方法では、農薬の成分使用回数（注：同じ成分を3回使ったら3とカウント。異なる3つの成分が混ざった商品を1回使ったときも3とカウントする数え方）は多くて20回ほどだ（豊岡市内では多くて12回程度）。一方、「育む農法」の減農薬栽培では2〜3回まで減らすことに成功している。そしてこの3回の農薬は、田植えの時期に使う除草剤だけだ。つまり、ネオニコチノイド系殺虫剤は無農薬でも減農薬でも一切使用されない。

いかにして脱ネオニコを実現しているのか。

水田に出現する主な稲の害虫は次のとおり。5月上旬、田植えの時期のイネドロオイムシ、イネゾウムシ。6月上旬のウンカ類と6月下旬のイネツトムシ。8月のカメムシ類だ。

ネオニコの代わりにこれらの害虫を駆除してくれるのは、天敵となる生き物たちだ。「育む農法」の、水田にとにかく生き物を増やすという栽培上の工夫がこれを可能にしている。一般的な栽培方法との違いは図2を見てほしい。大きな違いが水管理の手法で、田植え前の4月中旬から水を張る「早期湛水」と水深を深めにする「深水管理」、「中干し」時期の延期、そして冬にも水を張る「冬期湛水（冬みず田んぼ）」が特徴的だ。

害虫の天敵を増やすうえでとくに重要なのが中干しの延期である。中干しは田から水を抜き、土の中に酸素をいきわたらせることで稲の根と茎を強くするための重要な作業だ。通常は6月中旬に行なわれるが、「育む農法」では水田で暮らすオタマジャクシがカエルになったのを確認してから行なわれるため、7月上旬ごろになる。

このほか、あぜ道の雑草を刈るときは茎を長めに残すなど、生き物にとって生息しやすい環境を作るためのさまざまな工夫で化学農薬に頼らない栽培方法が確立されたのである。

しかし、効率化を追求した一般的な栽培方法と比較すると当然のことながら難しさもある。作付面積あたりの平均的な収穫量は通常の栽培方法に対して、減農薬で91%、無農薬で77%にとどまっている(※3)。また、特徴的な水管理をすることによる農家の負担増などもあり、ほかの地域の農家が取り組めるかというと、かなり高いハードルが横たわっていると言わざるを得ない。

次回は、「コウノトリ育む農法」の事例をもとに減農薬・無農薬栽培の課題を整理し、釣り人の立場でどんな提案ができるかを考えてみたい。

	4月	5月	6月	7月	8月	9月	10月	11月〜3月
		田植え	成長して穂が出てくる →			稲刈り		
一般的な栽培方法の例	3〜5cm	殺虫剤 イネゾウムシ	殺虫剤 ウンカ イネツトムシなど	中干し	殺虫剤 カメムシ			
コウノトリ育む農法	早期湛水 → 8cm	深水管理 トロトロ層 イトミミズ	ヤゴ → オタマジャクシ →	トンボに カエルに 中干し	トンボ、カエル、クモ、ツバメなどが害虫を退治 トロトロ層 イトミミズ			冬期湛水 微生物がワラを分解したり、藻類が増えて養分を作る カモやハクチョウなど渡り鳥も飛来 トロトロ層 イトミミズ

図２　コウノトリ育む農法

一般的な栽培方法では田に水を張るのは田植え前の５月上旬で深さは３〜５cm くらい。「育む農法」では４月半ばから深め（8cm くらい）に水を張る。この早期湛水からの深水管理は主に雑草を抑えることを目的としている。中干しの効果は本文のとおり。冬期湛水の効果は、微生物や藻類の働きで養分を蓄えることができ栽培中の化学肥料の使用をも抑えることができる。

参考・引用文献

※1／Yamamuro et al. (2019) Neonicotinoids disrupt aquatic food webs and decrease fishery yields. *Science* Vol. 366, 620-623

※2／国立環境研究所,化学物質データベース Webkis-Plus,最終閲覧日：2021年1月13日 https://www.nies.go.jp/kisplus/

※3／矢部光保・林岳 編著（2015）生物多様性のブランド化戦略 豊岡コウノトリ育むお米にみる成功モデル, 72

まとめ・月刊『つり人』編集部

脱「ネオニコ」の可能性を探る。（後編）

兵庫県豊岡市・コウノトリ育む農法を例に

（月刊『つり人』2021年４月号より）

兵庫県の豊岡市では、減農薬・無農薬栽培で水田の生きものを増やす「コウノトリ育む農法」が確立されている

東京大学・山室真澄教授らの研究によって、水辺の生態系への影響が明らかとなったネオニコチノイド系殺虫剤。前回は、ネオニコをはじめとした化学農薬に頼らないイネの栽培方法として、兵庫県但馬地域で確立された「コウノトリ育む農法」を紹介した。今回はその後編として、「コウノトリ育む農法」を例に、釣り人も知っておきたい、無農薬・減農薬栽培を普及していくうえでの難しさや課題を整理し、これからの議論の出発点を考えてみたい。

（取材協力・写真提供：兵庫県但馬県民局、豊岡市コウノトリ共生部）

ネオニコチノイド系殺虫剤

ネオニコチノイドは、害虫への効き目が大きい一方で、脊椎動物には安全性が高いとされて登場した殺虫剤の成分。しかし動物プランクトン、アカムシ、ゴカイといった生きものを害虫同様に減らしてしまうため、それを食べる魚も減らしてしまうことが山室教授らの研究によって明らかになった。欧州では農業に欠かせないミツバチを激減させた原因とも指摘されており、すでに多くの国や地域で使用の規制や禁止が進んでいる。

コウノトリ育む農法

コウノトリのエサ場となる水田に生きものを増やすことを目的として、兵庫県豊岡市を中心に取り組まれている水稲栽培方法。兵庫県が定める要件では①農薬を使用しないタイプ（無農薬）、②農薬使用を25％以下に減らすタイプ（減農薬）の2つがあり、どちらもネオニコチノイド系殺虫剤は使用されない。この農法で栽培された米のうち、JAたじまが集荷販売しているのが「コウノトリ育むお米」で、豊岡市の小・中学校給食では毎食この米が使われている。

無農薬・減農薬栽培の難しさ

「コウノトリ育む農法」は、コウノトリも棲める環境の保全に取り組んでいる兵庫県但馬地域で確立された減農薬・無農薬による水稲栽培方法である。この栽培方法では、ネオニコチノイド系殺虫剤は一切使われない。その目的は肉食のコウノトリのエサ場として期待されている水田にさまざまな生きものを増やすこと。害虫もやってくるが、害虫を食べるカエル、クモ、トンボなどの天敵がイネを守ってくれるのだ。

前回は、この農法が始まったきっかけや通常の栽培方法との違いをレポートした。一方、その方法をなぞれば他の地域の農家も無農薬栽培に取り組めるかといえば、現実には乗り越えなければならない難題が多くある。「コウノトリ育む農法」の中心地である豊岡市内で、この農法が行なわれている水田は426ha（全体の15・7％）、約200軒の農家が取り組んでいるが、それも彼らが環境に対する高い問題意識をもっていることに依る部分が大きいという。

そこで今回は、「コウノトリ育む農法」の事例をもとに減農薬・無農薬栽培の普及のうえで課題になっている点を整理し、釣り人の立場ではどのようなサポートができるのかを考えてみたい。

負担増も収量は減少、周囲の理解も課題

「コウノトリ育む農法」と従来の栽培方法の大きな違いは、水田の水管理である（※前編図2）。「育む農法」では田んぼに水が張られている期間が長い。従来は5月の田植え直前に水を引き込むところ、4月中旬から水を張る。また、稲刈り前に水を抜くタイミングも1ヵ月ほど遅くなるうえ、11〜3月の冬期も湛水させる（水を張っている）。これらはイネの生育を邪魔する雑草を生えにくくさせるための工夫だ。さらに害虫を捕食してくれるカエルがオタマジャクシから無事に成長できるよう、通常6月に行なわれる「中干し」と呼ばれる水を抜く作業を1ヵ月ほど遅らせるのも重要となる。このように一年を通じて水を管理するために大きな労力と費用（ポンプ代など）をかけている。

こうしてみると、現代社会のなかで、化学農薬に頼らない栽培方法で安定して収穫できるまでに方法を確立したこと自体がまず驚くべきことである。ただし、効率化を追求した従来の栽培方法と比較してしまうと、収穫量の面ではやはり一歩譲ってしまう。この農法を解説した資料（※1）によると、作付面積あたりの収量は通常の栽培方法に対して、減農薬で91%、無農薬で77%に留まっている。その理由には、「育む農法」の水管理はイネにも負担がかかることが挙げられる。「中干し」は土の中に酸素をいきわたらせてイネを強くする重要な工

程なのだが、「育む農法」では田植えから中干しまでが長いため、イネは酸素の乏しい環境を耐えなければならない。

そのほかにも、環境問題に意識の高い農家が、それらのデメリットを理解したうえで従来の栽培方法から転換しようとした時に大きなハードルになるのが、隣接した農地を持つ同業者の視線だ。殺虫剤を使わない以上、無農薬栽培ではある程度の害虫は発生してしまう。無農薬の農地で発生した害虫が別の田んぼに飛来するのは、その田んぼの持ち主にとって脅威でしかない。そのため、ある農家が単独で無農薬栽培を始めようとしても周囲の理解を得るのが難しいという現実があるのだ。

私たちも考えたい水辺の未来

それではなぜ、兵庫県豊岡市の農家は地域一丸となって「コウノトリ育む農法」に取り組むことができたのか。

前出の文献（※1）では、「育む農法」を始めるきっかけとして「『行政・農協・普及センターからの働きかけ』が多」く、「行政等との関係が大きなきっかけになっている」という当地の農家への聞き取り調査の結果を紹介している。

また、働きかけだけでなく農家への積極的な支援も行なわれている。豊岡市は無農薬栽培に適した農業機械の購入補助や栽培方法のマニュアル整備と配布などを、県は「コウノトリ育む農法拡大総合対策事業」として新たに取り組もうとする農家や団体に対して栽培経費や施設導入などの支援を行なっている。

今回、編集部が取材させていただいた豊岡市コウノトリ共生部の担当者は「ここまで取り組みが広がったのは生産者の皆さんの努力が大きいです。豊岡市ではコウノトリを象徴とした環境保全を地域を挙げて進めていることもあり、市民の環境への関心が非常に高い背景があるので、行政の押し付けではなく、自分たちにもなにかできることはないかと『育む農法』に参加してくれました」と話してくれたが、行政サイドの働きかけや支援が先に触れた参入障壁を乗り越えるうえで重要な役割を担っていたのは間違いないだろう。

あるべき水辺の将来を考える時、私たちには山室教授がこれまでの連載で解説してくれたネオニコの危険性や脅威と、豊岡市と農家の皆さんが取り組んでいるような、現実に無農薬栽培に取り組むことの難しさの、両方を理解することがまず必要だ。

そのうえで、農業に関連する施策を進めるうえでの基本理念を定めた「食料・農業・農村基本法」でも、農業がもたらす自然環境の保全機能について「将来にわたって、適切かつ十分に発揮されなければならない」と定められているように（※2）、水田で使われたネオニコチノイド系殺虫剤が疑われるような異変に私たちが気付いた時は、行政に動いてもらう法的根拠が充分にある。

たとえば減農薬に取り組む農家の休耕田や、それらを活用したビオトープの中で、親子で生態系について学びながら魚釣りができるような場があったらどうだろうか？　一定の利用料が発生したとしても、それが減農薬栽培に取り組む農家への支援や減収分の補填に活用されるような仕組みがあったら、喜んで訪れる釣り人はけっして少なくないはずだ。「言うは易し」は承知のうえで、こうしたアイデアが立場の違いを超えてもっと議論されていけば、水辺の将来もきっと明るいものにできるはずだ。

田んぼ、野池、小川など、これまで子どもも大人も魚釣りや魚取りに親しんできた水辺が全国で急速に失われている。健全な米が育つことと、日本の自然の豊かさの間には、切ってもきれない関係がある

参考・引用文献

※1／矢部光保・林岳 編著（2015）生物多様性のブランド化戦略 豊岡コウノトリ育むお米にみる成功モデル，74p

※2／食料・農業・農村基本法（平成十一年法律第百六号）第一章第三条

著者プロフィール

山室真澄（やまむろ・ますみ）

1960年名古屋生まれ。幼少期から水辺に親しみ、高校2年生で米国の高校に編入。帰国後、東京大学・文科三類に入学。理学部地理学教室に進学し、学生時代の卒業研究から学位論文まで宍道湖の生きものをテーマに研究。その後も一貫して同湖の研究を続け、2019年『Science』誌にて論文「Neonicotinoids disrupt aquatic food webs and decrease fishery yields」を発表する。東京大学大学院新領域創成科学研究科教授。専門分野は陸水学・沿岸海洋学・生物地球化学。2020年の大阪フィッシングショーで、（公財）日本釣振興会環境支部主催の講演会に登壇するなど、得られた知見の普及にも取り組んでいる。

【経歴】

1984年　東京大学理学部地理学教室卒業
1991年　東京大学理学系研究科地理学専門課程博士課程修了（理学博士）
1991年　通商産業省工業技術院地質調査所
2001年　産業技術総合研究所海洋資源環境研究部門主任研究員
2007年　現職

【主な著書・論文】

- 平塚純一・山室真澄・石飛裕（2006）『里湖モク採り物語　50年前の水面下の世界』生物研究社
- 山室 真澄・石飛 裕・中田 喜三郎・中村 由行（2013）『貧酸素水塊―現状と対策』生物研究社
- Yamamuro, M. and Koike, I.(1993) Nitrogen metabolism of the filter-feeding bivalve *Corbicula japonica* and its significance in primary production at a brackish lake in Japan. *Limnology and Oceanography*, 38, 997-1007.
- Yamamuro, M., Minagawa, M., and Kayanne, H. (1995) Carbon and nitrogen stable isotopes of primary producers in coral reef ecosystems. *Limnology and Oceanography*, 40, 617-621.
- Yamamuro, M. (2012) Herbicide-induced macrophyte-to-phytoplankton shifts in Japanese lagoons during the last 50 years: consequences for ecosystem services and fisheries, *Hydrobiologia*, 699, 5-19.
- M. Yamamuro, T. Komuro, H. Kamiya, T. Kato, H. Hasegawa, Y. Kameda (2019) Neonicotinoids disrupt aquatic food webs and decrease fishery yields. *Science* 366, 620–623.

東大教授（とうだいきょうじゅ）が世界（せかい）に示した衝撃（しょうげき）のエビデンス
魚（さかな）はなぜ減（へ）った？ 見（み）えない真犯人（しんはんにん）を追う

2021年11月1日発行

著　者　山室真澄
発行者　山根和明
発行所　株式会社つり人社

〒101－8408　東京都千代田区神田神保町1－30－13
TEL 03－3294－0781（営業部）
TEL 03－3294－0766（編集部）
印刷・製本　図書印刷株式会社

乱丁、落丁などありましたらお取り替えいたします。

ISBN978-4-86447-383-5 C2075
つり人社ホームページ　https://tsuribito.co.jp/
つり人オンライン https://web.tsuribito.co.jp/
釣り人道具店　http://tsuribito-dougu.com/
つり人チャンネル（You Tube）　https://www.youtube.com/channel/UCOsyeHNb_Y2VOHqEiV-6dGQ